漫畫葡萄酒

從零開始，情境式理解，不須強記，
史上最有趣的葡萄酒學習之路

Tout savoir sur le vin en bande dessinée

ŒNOLOGIX

漫畫葡萄酒

從零開始，情境式理解，不須強記，史上最有趣的葡萄酒學習之路

原著書名／ŒNOLOGIX : Tout savoir sur le vin en bande dessinée
作　　者／方斯瓦・巴許洛François Bachelot
繪　　者／文森・布瓊Vincent Burgeon
譯　　者／劉永智Jason LIU
特約編輯／陳錦輝

總 編 輯／王秀婷
責任編輯／郭羽漫
校　　對／陳佳欣
版　　權／沈家心

發 行 人／凃玉雲
出　　版／積木文化
　　　　　104台北市民生東路二段141號5樓
電　　話：(02)2500-7696　傳真：(02)2500-1953
官方部落格：http://cubepress.com.tw/
讀者服務信箱：service_cube@hmg.com.tw
發　　　行／英屬蓋曼群島商家庭傳媒股份有限公司城邦分公司
　　　　　台北市民生東路二段141號2樓
讀者服務專線：(02)25007718-9　24小時傳真專線：(02)25001990-1
服務時間：週一至週五09:30-12:00、13:30-17:00
郵　　撥：19863813　戶名：書虫股份有限公司
網　　站：城邦讀書花園　網址：www.cite.com.tw
香港發行所／城邦（香港）出版集團有限公司
　　　　　香港灣仔駱克道193號東超商業中心1樓
電　　話：+852-25086231　傳真：+852-25789337
電子信箱：hkcite@biznetvigator.com
馬新發行所／城邦（馬新）出版集團Cite (M) Sdn Bhd
　　　　　41, Jalan Radin Anum, Bandar Baru Sri Petaling, 57000 Kuala Lumpur, Malaysia.
電　　話：(603)90563833　傳真：(603) 90576622
電子信箱：services@cite.my

封面完稿／PURE
內頁排版／藍天圖物宣字社
製版印刷／上晴彩色印刷製版有限公司

【印刷版】
2023年9月28日　初版一刷
定　　價／599元
Ｉ Ｓ Ｂ Ｎ／978-986-459-530-3
【電子版】
2023年9月
Ｉ Ｓ Ｂ Ｎ／978-986-459-531-0（EPUB）
Printed in Taiwan.
版權所有・翻印必究

漫畫葡萄酒：從零開始，情境式理解，不須強記，史上最有趣的葡萄酒學習之路 / 方斯瓦・巴許洛 (François Bachelot) 作；文森・布瓊 (Vincent Burgeon) 繪；劉永智譯 . -- 初版 . -- 臺北市：積木文化出版：英屬蓋曼群島商家庭傳媒股份有限公司城邦分公司發行 , 2023.09
　　面；　　公分
譯自：ŒNOLOGIX：Tout savoir sur le vin en bande dessinée
ISBN 978-986-459-530-3（平裝）

1.CST：葡萄酒

463.814　　　　　　　　　　　　　　　112014718

方思瓦・巴許洛 FRANÇOIS BACHELOT 著　文森・布瓊 VINCENT BURGEON 繪　劉永智 Jason LIU 譯

漫畫葡萄酒

從零開始，情境式理解，不須強記，史上最有趣的葡萄酒學習之路

Tout savoir sur le vin en bande dessinée
ŒNOLOGIX

積木文化

編劇與對話

方思瓦・巴許洛

分鏡與腳本

方思瓦・巴許洛與文森・布瓊

繪圖、上色與編輯

文森・布瓊

夏洛特

創意概念發想編輯
自稱為「葡萄酒怪咖」。不管是葡萄酒化學，或是葡萄園的地理與風土，她都瞭若指掌。誰有葡萄酒問題，她都能及時救援，且總是電力滿滿，準備上工！

尚

業務主任
本公司創始人。環法自行車賽選手普力多（Raymond Poulidor）的環法次數都還沒他多：法國葡萄園他可是走透透了。尚就像一瓶偉大的葡萄酒，愈老愈迷人。不僅如此，他的窖藏非常驚人，但可不輕易示人……

路西安

藝術總監
他使用畫筆的手法一如在餐桌上使用刀叉：快速精準。方圓百里內只要有美食的小道消息，他立馬趕到。雖然愛吃，但同時也是個健康寶寶，因為他是自行車健身的狂熱者。

https://www.bakanale.fr

BK 巴卡諾 酒業行銷

總部在巴黎的酒類專業行銷公司
帶您深入美酒核心

葡萄酒、啤酒、各式烈酒，只要是酒，我們無一不精！我們的服務項目包括：酒類營銷策略建議、企業形象塑造、數位與實體編輯印刷、品酒活動策劃……

巴卡諾行銷永遠與您「酒在一起」！

法文・英文

專營項目　　合作夥伴　　關於我們　　與我們聯繫

酒莊與
釀酒合作社

產區與風土

品酒活動與酒展

酒業動態與
相關設備

能一起喝點東西
來歡迎你加入公司營運，
真是太好了。

而且要喝啥都有：
有機果汁、小農啤酒，
還有不可或缺的……
葡萄酒！

乾杯囉！
你喝啥呢？

嗯，
紅酒……

鏗

喔，了解，
好喝嗎？

呃，
不曉得，
其實我懂得很少
……

那是
什麼酒呢？

應該是
波爾多吧……或是
梅洛……

就是有用
橡木桶
培養的那
種酒……

我還蠻
喜歡的……

糟糕！你把產區、
品種以及培養方式全部
搞混在一塊了啦！

就說我
不懂嘛……

跟新同事
乾一杯！
歡迎加入團隊！

啊，對了，尚是我們的大專家，
他會跟你解釋。

鏗

資深愛酒人啦，真正的專家是夏洛特！

她知識豐富如深井！

路西安的概念混雜，需要教他一些基礎，好梳理一下觀念！

梳理……哈哈，路西安，你知道嗎？葡萄酒就跟頭髮一樣呢。

頭髮？

 首先我們看**顏色**，比如頭髮有**金色、紅色**或是**棕色的**……

再來是**種類**，這跟**髮質**有關：**細髮、粗髮、直髮**或是**捲髮**……

再來是**風格**，這與個人**品味**有關：髮型是圓是方、是否打薄、有沒有瀏海、梳理蓬鬆嗎……

……葡萄酒則分為**白酒、粉紅酒**和**紅酒**。

……葡萄酒則取決於是否有殘糖（**干型**或**帶甜味**）、是否有氣泡（**靜態酒**或**氣泡酒**）。

……葡萄酒風味是**輕巧、強勁、多果味、多桶味**等等！

靜態酒

甜酒

干型酒無甜味

氣泡酒

天呀！
我從來沒這樣
思考過……

就說他是
專家啊！

能搞清楚**種類**，
就不會在酒海中
迷失……

我們飲用的絕大部分白酒、
紅酒與粉紅酒，都屬於**靜態
且干型（不甜）**的類型……

靜態酒

氣泡酒

干型，無甜味

甜酒

干型，無甜味

像索旬產區
這類**甜酒**
通常是靜態酒……

而像香檳這類的
氣泡酒
不甜的居多。

有沒有氣泡酒是
帶甜味的呢？

你這菜鳥，
要獨自巡航在這神奇的
葡萄酒宇宙之間，
還不夠格呢……

哈哈哈，沒錯：
我們得先把你領進門，
才不會星際迷航！

好吧……
那葡萄酒的**風格**我
要如何掌握呢？

說到風格嘛，
我就要借用電影製作
來比喻給你聽了！

葡萄酒的四大類型

含較多糖分

靜態甜酒　　　　　氣泡甜葡萄酒

索甸……

?!

沒啥氣泡 ⊖ ←--------- ⊕ 較多氣泡

靜態干型葡萄酒　　　氣泡干葡萄酒

日常白酒
日常粉紅酒
日常紅酒

香檳
法國氣泡酒

含較少糖分

> 看看這筆記，
> 我們家小路多有天份呀，
> 雇用他是對的！

影響葡萄酒風格的因素

葡萄品種　　　　　　風土

酒農　　　　　　　　年份

路西安……
醒醒啦！

呼呼……
噗嚕嚕

2月21日星期四
夏布利
校外教學

啥……到囉？
我們不去
布根地了嗎？

當然要去，
不過夏布利就在
布根地最北端啦！

這片就是特級園
所在位置：
一百多公頃，
代表了夏布利法定產區
最精英的區塊……

……這些
光禿禿的葡萄樹
就是最頂尖的？

這些經過剪枝的
葡萄樹雖不怎麼美麗，
但幾個月後就會長出
夏多內的美麗葡萄串。
它可是世界聞名的
品種……

此外，
在美國，夏布利
幾乎等於是
夏多內的
同義詞！

夏布利

尊貴釀酒合作社
夏布利葡萄酒

尊貴釀酒……，
這是不是有點
太誇張了？

嗯……
事實上這名字是
我向客戶建議的，
可連結到穿越夏布利的
近乎同名河川
西翰河（Serein）*……

入口
P

＊編注：合作社原文名為Sérénissime。

12

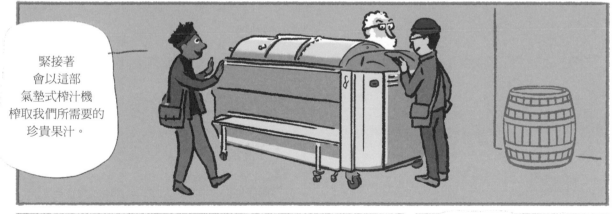

當然，路西安，葡萄酒不過就是**發酵的葡萄汁**！

發酵過程很簡單：

在**酵母**的作用下，果汁裡的**糖分**會轉變成**酒精**以及二氧化碳。

糖　　酵母　　酒精　　二氧化碳

酵母？像做麵包那樣？

沒錯，以葡萄酒來說，它的釀酒酵母學名是 *Saccharomyces cerevisiae*。這些酵母自然地存在於葡萄上或是酒窖裡。我們也可以使用人工選育酵母。

嗚……

那**二氧化碳**呢？

一如在夏布利，如果讓二氧化碳自酒槽中散逸出去，我們釀的就是**無氣泡**的**靜態葡萄酒**。如果我們讓氣泡保留在酒中，那就成了……

……**氣泡酒**？

沒錯！

你完全懂了！真是美味的化學方程式，不是嗎？

一旦發酵完成後，就進入了**葡萄酒的培養階段**：可以在另一個**不鏽鋼槽**或**橡木桶**裡進行培養。

不鏽鋼槽　　　　橡木桶

夏多內 --> 品種

⊙ **種在哪？**
布根地唯一用來釀造白酒的品種，香檳也種了
不少（白中白香檳）。這是全世界種植最多的
品種（加州、澳洲、義大利）。

👃 **鼻息**
白色水果（洋梨）、柑橘、白花香（椴花）、
榛果、新鮮奶油。

👄 **口感**
美味的酸度均衡了豐潤的口感。

夏布利 --> 地圖

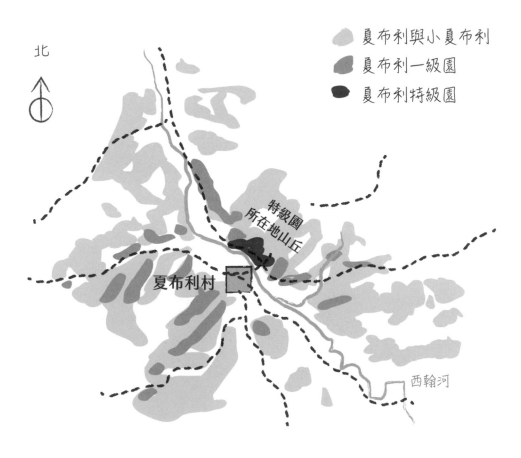

北

🟩 夏布利與小夏布利
🟩 夏布利一級園
⬛ 夏布利特級園

特級園
所在地山丘

夏布利村

西翰河

白葡萄酒的釀造

1) 採收：

　　秋收後葡萄會運至釀酒窖，白酒葡萄對氧化相當敏感……

2) 榨汁：

　　酒農會馬上進行壓榨，只取榨汁……

3) 發酵：

　　……榨汁會在酵母的作用下開始發酵，將果汁糖分轉化為酒精。

4) 培養：

　　接下來的培養階段可以是幾星期、甚至幾個月。在橡木桶或是不鏽鋼槽內培養。

5) 裝瓶：

　　培養過後的酒，便可進行裝瓶與銷售。培養槽與釀酒窖則會被淨空，以迎接下個年份的到來。

1) 採收

2) 榨汁

3) 發酵

4) 培養

5) 裝瓶

2月25日星期一
品酒入門課

嘿，路西安，一起午餐嗎？

馬上來！

所以，你覺得這趟夏布利參訪如何？

太讚了！客戶的新品酒室很有潛力……

我同時學到一堆葡萄酒知識！

巴卡諾酒業行銷

大叔地毯

寰宇出口

你覺得那些酒好喝嗎？

是呀，我很喜歡，可是又說不出個所以然來……

艾斯裴路取特餐廳

很正常啦，你才開始學而已。

我現在有點不知所措……

其實葡萄酒很簡單，就跟品嚐食物一樣！

蛤？

您好！今日我們有以下菜色：

迪迪耶，謝謝，我點燜牛肉……

也麻煩幫我們上一壺薄酒來布依紅酒。

你們的白醬小牛肉如何？

今日主菜

檸檬番茄橄欖油醬汁
鱈魚背搭馬鈴薯泥

白醬小牛肉搭
印度長香米

普羅旺斯燜牛肉搭
義大利鳥巢麵

我剛說到：葡萄酒跟用餐一樣。

首先要注意的，是視覺……

它必須給人好印象，讓人想進一步去品嚐……

主菜來囉，可以進入實戰課程了。

謝了，迪迪耶，上菜總是快速。微波爐是功臣呢！

哇哈哈！

瞧，我的煨牛肉快要淹死在醬汁裡了，看來不太可口……

而你的白醬小牛肉盛在好看的鑄鐵鍋裡，還有蔬菜和諧的擺盤，看起來就好好吃！

葡萄酒也一樣：要觀察酒色、杯緣反光、清澈度與光澤……

這給了我們關於酒的風格與酒齡的判斷線索……

這個第一階段，我們稱為觀色。

啊，這需要好眼力呀！

接著是**嗅聞**階段，
得嗅出葡萄酒的香氣。

呼呼

我在盤中嗅到了紅酒、
紅蘿蔔，以及一點點的
辛香植物氣息……

我這盤聞到了
鮮奶油、蕈菇，
以及……檸檬氣息！

嗅　嗅　嗅

夏洛特小姐，
主菜有啥問題嗎？

啊啊，沒啦！
是路西安
正在學習品嚐！

嗅　嗅

為方便記憶，
我們將香氣分為幾大家
族：果香系、花香系、
香料系、動物系……

動物系？

刷刷

對，像是皮革或是肉汁！
不過也有比較可口的香系，
像糕點系：**布里歐麵包**、
奶油、杏仁餡……

喔，是喔，
這我喜歡！

這分類很好用，
我想我會因此
進步很多喔……

當然！

……不過，
香氣還不是
最重要的……

咦，
是嗎？

記得電視烹飪節目嗎：
大廚們認為哪一點
是最重要的？

均衡感！

白醬小牛肉要好吃，
就要在醬汁裡摻一點檸檬汁：
以酸度來均衡鮮奶油的**圓潤感**。

檸檬　　　　　　奶油醬汁

對夏布利這類的**白酒**也是同樣道理：
必須在酸度與由酒精帶來的**圓潤感**之
間，求取均衡。

酸度　　　　　圓潤感

紅酒裡頭，還有葡萄單寧
所帶來的**緊澀感**⋯⋯

酸度　　　　　　圓潤感

緊澀感

不管哪種酒，我們追求的
是圓潤感（酒精，甚至是
糖分）與堅硬感（酸度與單
寧）之間的均衡。也就是必
須有肉也有骨！

懂，就像製作
油醋醬汁那樣？

沒錯！

橄欖油的圓潤、
醋的酸味以及
芥末醬的澀感！

說得對！

好啦，
趕緊吃吧，
菜要涼了⋯⋯

品嚐葡萄酒的三步驟

1) 觀色

在一明亮的表面上，觀察酒色、澄清度以及酒在杯緣的反光。

2) 嗅聞

在晃杯之後，評定酒香屬性、氣味缺失以及複雜度。

3) 口嚐

在口腔內及味蕾上，將酒涮一遍，以評定均衡感、豐富性與餘韻長度。

葡萄酒的均衡感

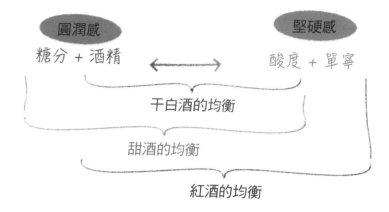

圓潤感　　　　　　　　　　　　　　堅硬感
糖分 + 酒精　←——→　酸度 + 單寧

干白酒的均衡

甜酒的均衡

紅酒的均衡

葡萄酒香家族分類

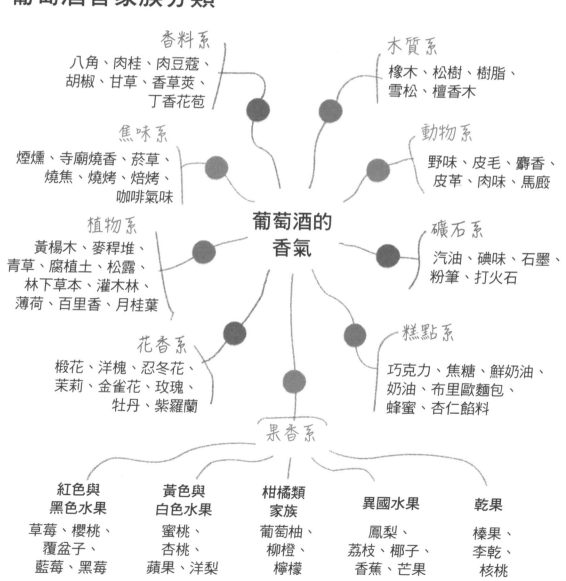

香料系
八角、肉桂、肉豆蔻、胡椒、甘草、香草莢、丁香花苞

木質系
橡木、松樹、樹脂、雪松、檀香木

焦味系
煙燻、寺廟燒香、菸草、燒焦、燒烤、焙烤、咖啡氣味

動物系
野味、皮毛、麝香、皮革、肉味、馬廄

植物系
黃楊木、麥稈堆、青草、腐植土、松露、林下草本、灌木林、薄荷、百里香、月桂葉

礦石系
汽油、碘味、石墨、粉筆、打火石

花香系
椴花、洋槐、忍冬花、茉莉、金雀花、玫瑰、牡丹、紫羅蘭

糕點系
巧克力、焦糖、鮮奶油、奶油、布里歐麵包、蜂蜜、杏仁餡料

葡萄酒的香氣

果香系

紅色與黑色水果	黃色與白色水果	柑橘類家族	異國水果	乾果
草莓、櫻桃、覆盆子、藍莓、黑莓	蜜桃、杏桃、蘋果、洋梨	葡萄柚、柳橙、檸檬	鳳梨、荔枝、椰子、香蕉、芒果	榛果、李乾、核桃

路西安!?

3月6日星期三
**巴黎農業
總競賽**

路～西安 !!

巴黎
農業館

農業總競賽由此去 →

來了，
我來啦！

你快點！

沒閒工夫讓你去
「拍牛屁」啦！

我們到底來
這裡幹啥？

來看農業
總競賽呀，
賽後每年都會
給強調風土的
法國農產品
頒發獎牌！

是要拜訪
客戶嗎？

不，比這更好，
**我們是評審團的
一員！**

啥，我們？
我啥都不懂呀！

別緊張，
夏洛特不是教了你
一些基礎了嗎？

我看到我們那桌
了，第三位評審也
已經到了……

農業
總競賽

早安，女士，
我們是同桌的
評審……

早呀，我是**松塞爾**產區
的酒農柯蕾特……

幸會，我是路西
安，巴黎的酒類行
銷藝術總監……

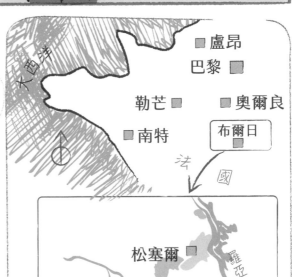

盧昂

巴黎

勒芒　　　奧爾良

南特　　　布爾日

大西洋

法　國

松塞爾

布爾日

羅亞爾河

小路，我們今日要品
評的項目就是**松塞爾**
的葡萄酒。

松塞爾是**羅亞爾河中央**產區裡的
最知名產區，葡萄樹就種在靠近**布爾日**的
美麗山坡上，主要以白蘇維濃品種
釀出清鮮且礦物味明顯的白酒。
我們馬上來試試。

我簡介得
沒錯吧？

完全正確！

工作時間
到啦！

白蘇維濃要
大顯身手囉！

白蘇維濃 --> 品種

📍 **種在哪？**
在波爾多以及西南部產區會與榭密雍混調，在兩海之間、格拉夫與貝傑哈克釀產干白酒，在索甸與蒙巴季亞克等產區則產甜白酒。在羅亞爾河的中央產區（松塞爾與普依－芙美）以及都漢則單獨釀造。白蘇維濃也被種植於新世界產區：如紐西蘭和加州。

👃 **鼻息**
非常芬芳，因其黃楊木、金雀花以及柑橘類氣韻而相當容易辨識。

👄 **口感**
非常有活力，也可能帶點圓潤感。

農業總競賽

日期：3月6日

姓名	路西安．C	
分類	松塞爾白酒	
樣品編號	SANBL01	
	評語	**評分**
觀色	檸檬黃，反射綠光，相當清澈	3/3
嗅聞	白花、葡萄柚、洋梨，整體鼻息細緻而複雜	4/5
口嘗	清新與圓潤感形成良好均衡， 有脂潤感，酒香繁複，尾韻長，帶礦物味	6/7
整體印象	強勁而細膩，酒質優秀	4/5
	總分	17/20

4月2日星期二
波爾多之旅

1855年5月15日，拿破崙三世為在巴黎的**萬國博覽會**舉行揭幕儀式，與會者可以發現許多新奇的事物，展出領域包括農業、工業以及藝術。

第一部**割草機**面世，

傅柯擺的發明……

接著是**波爾多工商會**為波爾多紅酒列出的五十多家列級酒莊（如瑪歌堡與拉圖堡），以及二十多家的甜白酒酒莊：排首位者即是伊肯堡。

此「1855年分級」至今只更動過一次，已成為**眾人膜拜的名單**。

這些酒你稍晚都可以試到喔。

酷！

♬歡迎來到波爾多梅西那克機場，梅多克紅酒的門戶♬

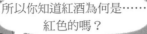

租車中心

嘿,路西安,準備好一頭栽進紅酒的世界了嗎?

梅西那克村

所以你知道紅酒為何是……紅色的嗎?

因為葡萄汁是紅色的嘛,不是嗎?

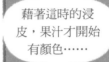

剛剛是陷阱題啦……葡萄汁是透明的!色素藏在葡萄皮裡頭……

啥?

與白酒不同,紅酒葡萄是與皮一起發酵的……

藉著這時的浸皮,果汁才開始有顏色……

到酒莊時再跟你解釋一次……我們到了!

瑪歌村

聖朱里安村

波雅克村

好好欣賞吧,路西安,周遭的葡萄樹過幾個月之後就能產出列級酒莊紅酒了!

何其尊榮!

拉布居堡

布根地酒農都只擁有零散的小區塊葡萄園，波爾多則不同……

這裡的莊主都獨自擁有酒堡周遭的葡萄園。

另一個差異是，布根地的特級園都由數個酒莊分地共享……

在波爾多，則是酒莊本身被列級！

這幾天的列級酒莊都使出渾身解數：全球的業內人士都來此品嚐「酒花」，也就是新年份……

而酒評給的評分將影響酒價高低！

大衛是我們的東道主……在明天正式品酒之前，他會帶我們參觀酒莊！

太好了！

日安，歡迎來到拉布居堡！

尚，自你上次拜訪後，我們的**重力酒窖**已經完工了！

放好行李後，我就帶你們去看酒窖！

路西安，你好了嗎？樓下等你喔！

來了，剛剛一時找不到我的筆記本……

這新建好的釀酒窖，讓我們能更加細心地照料葡萄與葡萄酒。

不再使用幫浦抽送，因此得以維持果實品質：酒廠依坡而建，所有果實與酒汁的移置都可藉由自然重力完成。

經過篩選，葡萄因重力自然落入釀酒槽，發酵程序便可以開始了。

在這個發酵階段，果汁在與果皮浸泡後，便可萃出顏色與單寧。這些組成則形成了紅酒的架構與骨幹。

接著，我們讓槽中的酒液藉重力往卜流。然後將槽中剩下的皮渣移到榨汁機裡頭。

皮渣？

皮渣就是固體的部分（皮、籽等等）。皮渣經壓榨後，得出單寧較重的榨汁酒，可視情況添回上述的自流酒，以增強整體混調的酒質。

再下一層，就是我們的培養酒窖。我們下去品酒吧！

這是最新的年份，每塊園區都分開釀造，這樣能更好地表達其風土。

我們先試試最佳地塊的卡本內蘇維濃品種⋯⋯

……它將成為旗艦酒的組成核心！

所以你們也釀非旗艦酒？

吸吸

喔，「旗艦酒」指的是最佳桶號的混調，會貼上「列級酒莊」的酒標出售！

剩下的則釀成非列級的「二軍酒」，比較便宜，但酒質仍佳。

噗滋！

真香！黑莓、香料、雪松，鼻息已經有相當好的複雜度⋯⋯

口感也佳！飽滿，單寧質地細緻，有力道，還不艱澀⋯⋯

路西安，你覺得呢？

你還好吧，路西安？

吓！

嗯,這個……
還好啦,不過這有點澀,
不是嗎?

酒中的單寧是會讓嘴巴有
乾澀的感覺……

事實上,這酒這麼年輕,
單寧尤其豐富喔!

此外,我們身處梅多克
產區,主要品種卡本內
蘇維濃的單寧尤其多!

在橡木桶培養的
主要益處,就是
能使酒質圓潤,
較不艱澀。

這些酒都還需在
橡木桶裡培養一年,
離適飲還早呢!

太好了!
這讓我們有充分理由,
明年再次造訪酒莊品酒囉!

葡萄果粒圖解

葡萄梗:
果實連接枝幹
處,有時會留
著一起發酵。

葡萄籽:
含脂肪與粗糙
的單寧(應避
免)。

果粉:
蠟質層,
含天然酵
母。

果肉:
含有助於達到
酒質均衡的水
分、糖分與有
機酸。

果皮:
釀酒的珍寶都在裡頭,
如色素、香氣與單寧。

紅葡萄酒的釀造與培養

1) 採收

葡萄採收後，會送至釀酒廠，
酒農接著篩選……

1) 採收

2) 去梗

指部分的Ⓐ或完整的Ⓑ將果粒與梗分離……

2) 去梗

3) 發酵/萃取

……接著葡萄開始發酵。在此期間，葡萄農會促成果
渣（即固體組成，包括果皮、籽與梗）與果汁間的交
流，以萃取出顏色和單寧。

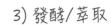

Ⓑ

Ⓐ

3) 發酵/萃取

4) 榨汁

發酵已經完成。此時將酒液流出（自流酒），再將榨
汁機裡頭的果渣壓榨出殘餘酒液（榨汁酒）。

5) 培養

接著在不鏽鋼槽或是橡木桶內，開始為期幾日或是幾
個月的酒質培養。

6) 裝瓶

完成培養的酒，就可以裝瓶與貼標，好進行銷售。釀
酒槽與酒窖會清整一番，以迎接下一個年份的到來。

4) 榨汁

6) 裝瓶

5) 培養

卡本內蘇維濃 --> 品種

📍 **種在哪？**
在波爾多的梅多克與格拉夫產區種得最多，西南部產區也有。智利與加州也見蹤跡。

👃 **鼻息**
黑醋栗、櫻桃、雪松與石墨。

👄 **口感**
架構堅實，單寧多，儲存潛力極佳。通常會與其他品種進行混調（如梅洛）。

1855年分級

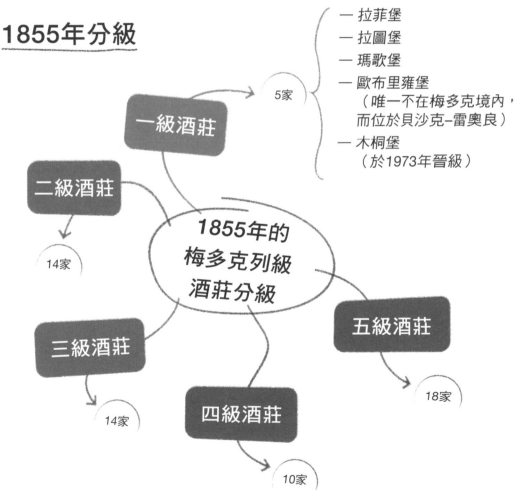

一級酒莊 — 5家
— 拉菲堡
— 拉圖堡
— 瑪歌堡
— 歐布里雍堡
　（唯一不在梅多克境內，
　而位於貝沙克–雷奧良）
— 木桐堡
　（於1973年晉級）

二級酒莊 — 14家

1855年的
梅多克列級
酒莊分級

三級酒莊 — 14家

四級酒莊 — 10家

五級酒莊 — 18家

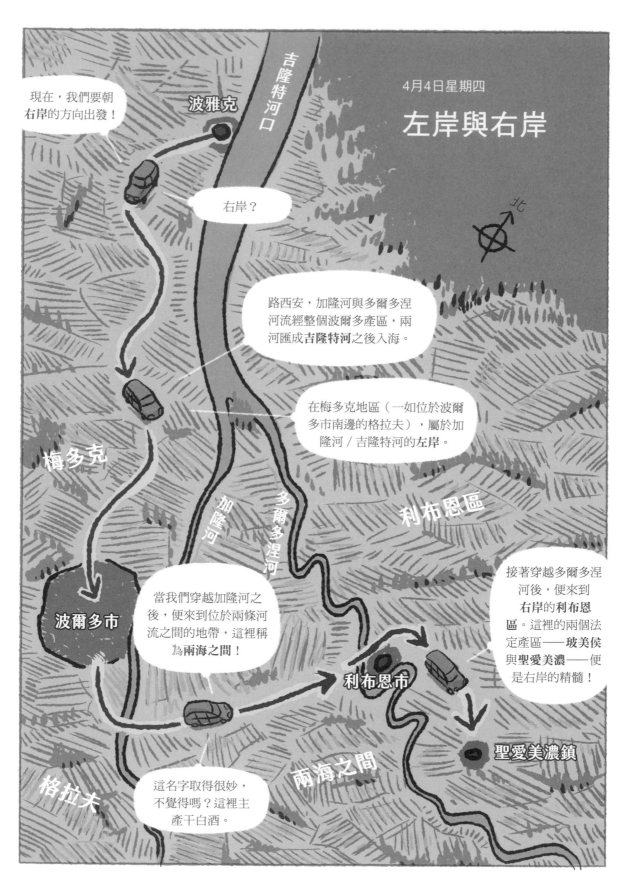

我們來到了**被聯合國教科文組織列為世界遺產**的聖愛美濃鎮！

這是**葡萄酒之家**，品酒會就在此舉行……

太好了，我或許可以在這裡找到我的婚宴用酒……

蛤，你要結婚了??

歡迎來到聖愛美濃

對呀，明年7月。

那麼，先恭喜你了。

謝謝！

老天，這酒真不便宜……

是呀！所以買「酒花」比較划算……

你得先預付仍在培養中的葡萄酒，但價格比較便宜……

接著，你必須窖藏至少十年後才能開喝。

聽來很有意思，但我一年後就要結婚啦……

可等不了十年!!

不然你就必須潛入尚的酒窖偷老酒囉，我們這些死老百姓是不允許侵入**神秘寶庫**窺探的……

好啦，別貧嘴……我們上去吧？不然要遲到了……

單寧 →

聳！

你怎麼啦？
還為在波雅克的品酒
經驗所苦？

呃，是有
一點……

別驚慌，
右岸這裡的主要品種是
梅洛，比先前所試的卡
本內蘇維濃圓潤多了。

咦，
真的？

來吧，你不想試試
這些**列級酒莊**嗎？

這裡也有
列級酒莊呀？

不過這裡的分級是
自1955年才開始，晚了
梅多克100年！而且這分
級並非一成不變……

事實上，每十年會重審一
次：有些酒莊被升級，有
些則被除去列級資格……

……被降級者
肯定很失望!!

哈哈，
我看你精神又回
來了！上工吧？

來吧，
**給我來點梅
洛紅酒吧！**

喂喂，
放尊重一點，這
可不是一般簡單
的品種酒……

波爾多 --> 地圖

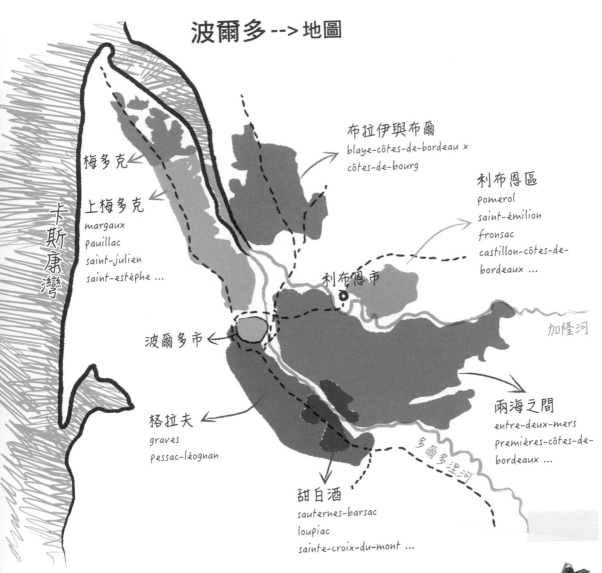

卡斯康灣

梅多克←

上梅多克
margaux
pauillac
saint-julien
saint-estèphe ...

布拉伊與布爾
blaye-côtes-de-bordeau x
côtes-de-bourg

利布恩區
pomerol
saint-émilion
fronsac
castillon-côtes-de-
bordeaux ...

利布恩市

加隆河

波爾多市←

格拉夫←
graves
pessac-léognan

兩海之間
entre-deux-mers
premières-côtes-de-
bordeaux ...

多爾多涅河

甜白酒
sauternes-barsac
loupiac
sainte-croix-du-mont ...

梅洛 --> 品種

◉ 種在哪？
波爾多的領頭羊品種，通常與卡本內蘇維濃以及卡本
內弗朗一起混調，玻美侯以及聖愛美濃種植最多。西
南產區也常見（貝傑哈克與布柴），義大利與美國也
見蹤跡。

👃 鼻息
黑色水果、李乾以及松露。

👄 口感
會為酒帶來圓潤、甘美以及飽滿的口感。

啊，我的臉應該像被春霜凍過的柿子那樣紅通通吧……

來，再一小杯，之後就不喝啦！

4月5日星期五

索甸，尊貴之地

不了，我真不行了!!

你別無選擇：我們現在在**索甸**，這麼美妙的酒，**不喝怎行**！

LE BEAU TRYTIS

嗯，好吧……還好，它跟糖一樣都是甜的。

小心，路西安，這酒雖甜美，但與蔗糖無關……

這甜酒可是沒加糖進去，不像有些人喝茶還加糖那樣。

喔，了解了！

索甸的酒帶甜味，這都拜貴腐葡萄之賜！

貴……腐，葡萄？

對，貴腐葡萄。
容我先跟你講一個
故事……

1847年，索甸產區伊肯堡的莊主**律沙律斯**伯爵，
長途旅行到俄羅斯打獵。

莫斯科
3,500公里

伊肯堡

打獵行程一再延長，伯爵雖會晚歸，
但下令必須等到他回莊，才能開始採
收葡萄。

與此同時，成熟的葡萄開始過熟，
然後黴菌開始侵襲果粒……

盼到伯爵回來後，他們還是採收了這些
腐爛的葡萄來釀酒……

最後竟然釀出他們從
未嚐過的驚天美露！

這故事的真實性，
大概與「翻轉塔蘋果是如何發
明的」一樣不可考，卻說明了
貴腐葡萄的神奇。

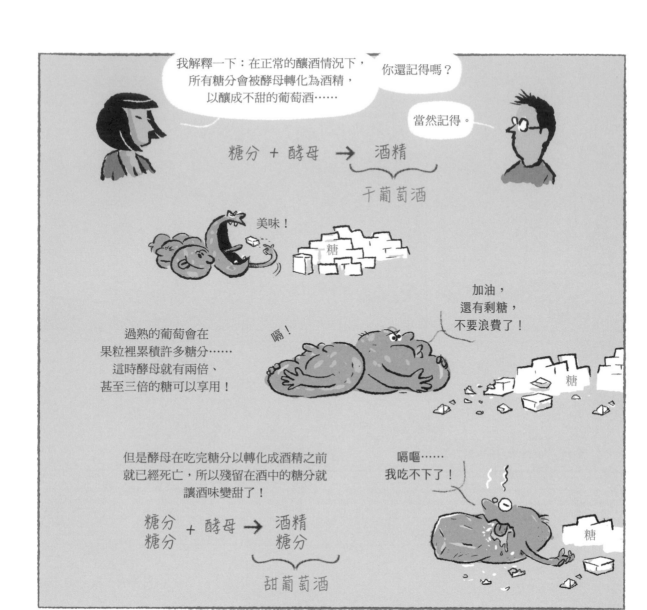

我解釋一下：在正常的釀酒情況下，所有糖分會被酵母轉化為酒精，以釀成不甜的葡萄酒……

你還記得嗎？

當然記得。

糖分 + 酵母 → 酒精

干葡萄酒

美味！

糖

過熟的葡萄會在果粒裡累積許多糖分……這時酵母就有兩倍、甚至三倍的糖可以享用！

嗝！

加油，還有剩糖，不要浪費了！

糖

但是酵母在吃完糖分以轉化成酒精之前就已經死亡，所以殘留在酒中的糖分就讓酒味變甜了！

嗝嘔……我吃不下了！

糖分
糖分 + 酵母 → 酒精
糖分

甜葡萄酒

糖

貴腐黴不僅濃縮了糖分，還帶來糖漬水果般的氣息。

為何這黴菌很「高貴」？

這是相對於會帶來怪味的「灰黴菌」的說法。但貴腐黴只出現在特定的風土，如**索甸**。

索甸產區有源自朗德森林的**西洪溪**經過，
其寒冷的溪水注入**加隆河**之後，形成了厚厚的秋季晨霧，
籠罩在葡萄樹之上。
這濕氣有助於Botrytis Cinerea形成，
這就是知名的「貴腐黴」……

幸運的是，接近中午時，太陽會驅散晨霧，並減
緩貴腐黴的作用，使其僅僅侵襲葡萄皮，並促成
葡萄裡的水分被蒸發掉，但果肉並未受損。

西洪溪

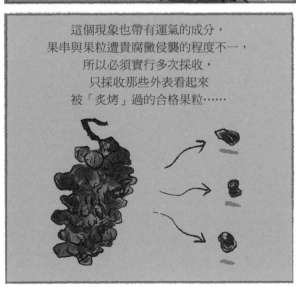

這個現象也帶有運氣的成分，
果串與果粒遭貴腐黴侵襲的程度不一，
所以必須實行多次採收，
只採收那些外表看起來
被「炙烤」過的合格果粒……

逐粒採收，
還真費工！

「逐粒」，你
形容得很好！

貴腐酒產量非常低，幾乎需要一顆樹才能釀出一杯甜酒！

那就好好地專心品嚐這美釀吧！

而且，它跟我的檸檬派搭起來超讚的。

不過，最經典的搭配應該是索甸與鵝肝醬吧？

是沒錯啦，不過，以索甸甜酒搭鵝肝醬前菜，會讓後面要喝的酒都變得無滋無味……

哦……

或者整套餐都以索甸來做餐酒搭配也行。

啥？

是這樣呀，總是搭鵝肝醬實在太老套……

或者搭烤得金黃的全雞也成……

……像是泰國咖哩之類的異國料理也能搭……

……另一種神奇經典搭法是和藍黴起司一起！

咦，真的嗎？要不，我們再回餐廳實際試一回！

噢，拜託……路西安！

LE BEAU TRYTIS

波爾多甜酒

□ 波爾多市

加隆河

盧皮亞克 → 卡迪亞克

聖十字山

塞洪 ←

□ 隆恭市

巴薩克

索甸

僅有
1家

伊肯堡

**優等
一級酒莊**

*1855年
索甸／巴薩克
列級酒莊分級*

一級酒莊　　　　**二級酒莊**

11家　　　　　　　15家

榭密雍 --> 品種

種在哪？
本品種通常與白蘇維濃一起混調，不僅適合釀造甜
白酒，釀成干白酒也行。波爾多以及西南部產區種
植地相當多（兩海之間、格拉夫、貝傑哈克、索甸、
蒙巴季亞克），澳洲、智利與加州也見種植。

鼻息
白花類氣息（洋槐花）、蜂蜜。

口感
圓潤脂滑為其特色。

你們都準備
好了吧？

那我就播放
影片囉。

美麗紅石榴酒色，帶點
紫，相當晶亮。這是波爾
多，一款偉大的波爾多。

有點貴腐黴懸浮，
一些雜質正慢慢沉澱。
這支酒有23歲了，
年份是1953年，
偉大的年份。

嘎嘎！

葡萄酒是土壤的反射，
這應和礫石有關，
我猜是梅多克！

嗚嗚！

葡萄酒也是陽光的
產物，這酒應該有
受到西南向的良好
日照……

且位在陡坡……

猜對了，
太棒了!!

啪啪啪

這酒來自聖朱里安產區，
是1953年的Château
Léoville Las Cases！

等等，等等，
有可能就這樣猜出一款酒嗎？

嘿嘿嘿

46

電影歸電影啦。即便是世界侍酒師冠軍也常常猜錯呢。

嗯嗯

不過有些厲害的愛酒人還是可以猜出某些酒款喔⋯⋯

喂，尚，**你就**很厲害呀，應該可以猜出今晚要喝的酒，猜一下如何？

誰怕誰！

我把酒瓶先遮起來，你們讓出一些桌面空間吧。

嗯，偏深酒色顯得相當年輕，帶有黑莓以及胡椒的氣味⋯⋯

漱漱

強勁但質地絲滑⋯⋯

我猜是**薩瓦產區阿邦優質村莊，品種是蒙得斯的2015年紅酒！**

薩瓦 --> 地圖

法國

瑞士

雷曼湖

布列斯布爾市 ◨

日內瓦

布杰安裴希市 ◨

安錫市 ◨

安錫湖

薩隆河

布爾傑湖

猜你不認識，
有待您自行挖掘！

香貝希市 ◨

◗ 薩瓦產區

◗ 布杰產區

↑N

蒙得斯 --> 品種

📍 **種在哪？**
此為薩瓦經典品種，在旁鄰的布杰產區（位於
安省）也有種植。

👃 **鼻息**
黑色水果氣息（黑莓、黑醋栗），常帶胡椒
氣息。

👅 **口感**
相當豐腴，單寧也不少，儲存潛力頗佳。

5月27日星期一

香檳！

讓我們在香檳的發明者唐·貝里儂神父銅像前默哀。

其實應該說沒氣泡的香檳！

沒氣泡？

沒錯，沒氣泡喔！

其實香檳在長遠的歷史裡，就是靜態葡萄酒，甚至是紅酒！而且是布根地的競爭對手。

路易十四在位時期，眾臣子時常爭論國王的哪瓶藏酒最具醫療效果……

不過討論範圍並不包含氣泡酒，因為要承受住氣壓，需要有堅固的玻璃酒瓶，而當時的法國人還無法掌握這項技術。

當時的英國人在工業技術上領先我們，他們從法國買回成桶無氣泡香檳酒，然後在冬天時於英國裝瓶……

……當天氣回暖後，酒液在瓶中再次發酵，產生的二氧化碳於是被禁錮在酒瓶中，氣泡酒於焉誕生！

這些不同年份的**陳年基酒**就像音符，各家酒廠再據此寫成樂譜（香檳）。

到啦，這家就是我們的客戶！

Champagne
FABRICE
CHALONSOT

哈囉！您們來得正好，我剛從酒窖上來，我們可以先試試黑皮諾。

日安！

黑皮諾，但這些不是白酒嗎？

香檳區的釀法比較特殊一點：我們將黑葡萄直接榨汁，也沒有浸皮，以釀成白酒。

這種白酒稱為**黑中白**：釀自黑葡萄的白酒！

來吧，試酒囉！

咦，怎沒有氣泡？

您開瓶之後，忘了在瓶口放隻小茶匙？

哈哈，非也！這是無氣泡的**基酒**，
等瓶中再次發酵後，才變成香檳。

我們下去酒窖
看看，這樣你
會更快理解。

啊，對了，
就之前說的英國人
的故事！

沒錯！

在酒窖裡，我們保存了不同
風土、不同品種，以及多個
年份的基酒。

為創造出不同酒款，香檳酒農化身為
煉金術士，有時須混調超過十款基
酒，才能獲得想要的成果。

咦，這是被
允許的嗎？

這可是香檳得以立基的傳統呢！但酒農
也可以選擇單一風土、單一品種或是單
一年份裝瓶，不是嗎？

完全正確，
就像弓箭上可
以換上不同的
弓弦！

了解，不過這
樣的話，酒精
度也會增加，
不是嗎？

對的，因此基酒的
酒精度數會低於一
般值1–2度。

當基酒混調好後會進行裝瓶，
然後添入糖與酵母，
以促成瓶中二次發酵……

……不過，
這時二氧化碳會被
禁錮於瓶中！

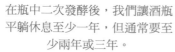

在瓶中二次發酵後，我們讓酒瓶平躺休息至少一年，但通常要至少兩年或三年。

如果是旗艦酒款或最佳年份，甚至更久！

而經過長時間的平躺後，香檳會變得更細緻，發展出更豐富的風味……

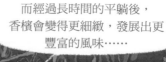

……這一切必須歸功於死酵母渣在瓶中的作用。

當與死酵母的培養完成後，我們將酒瓶倒插在人字架上，並時常地轉瓶，好讓死酵母渣慢慢下降累積在瓶頸處。

您還是採取手工轉瓶？

是的，我們偏愛維持與酒的親身接觸。

但你們如何移除這些髒東西呢？

其實很簡單……

路西安，死酵母啦，什麼髒東西……

我們將瓶頸降溫，直到形成可以包裹住酵母渣的**小冰塊**……

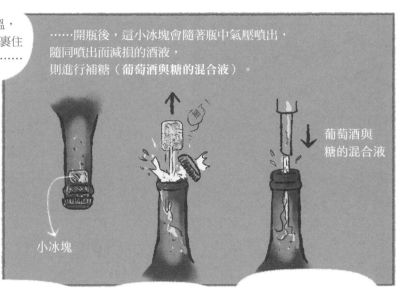

……開瓶後，這小冰塊會隨著瓶中氣壓噴出，隨同噴出而減損的酒液，則進行補糖（葡萄酒與糖的混合液）。

瓶了！

小冰塊

葡萄酒與糖的混合液

你在酒裡加**糖**？

可是，這不在禁止之列嗎？

別忘了香檳是法國最北的葡萄園，酒裡的酸度通常很明顯……補糖可讓尖酸感變得比較可口。

不過，今日有愈來愈多的葡萄農盡量減少補糖，以充分表達風土特色。

補糖可說是香檳酒農「弓箭上的另一根弦」。

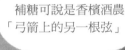

太有意思了，感謝說明！

對了，我正在尋找適合我婚宴使用的香檳，您或許有好貨給我？

是可以，只是有個但書：

答應我不要拿香檳搭甜點，我常看到這類搭餐的失誤！

甜點會讓香檳變酸。

嗯，那香檳搭咖啡呢？

唉，拜託不要……

香檳的
釀造程序

1) 採收
採收的白葡萄與黑葡萄都運至釀酒窖。

2) 榨汁
立刻直接壓榨，以獲取澄清的果汁。

3) 第一次發酵
果汁因為酵母的作用開始發酵，糖分轉化為酒精。

4) 得到基酒
一次發酵所獲得的無氣泡靜態酒，就稱為基酒。

5) 混調
釀造者以不同的基酒（不同品種、不同地塊、不同年份）進行混調……

6) 添加酵母與糖
在混調好基酒的酒瓶裡添加酵母與糖……

7) 第二次發酵
……因此促成了瓶中二次發酵，氣泡則被閉鎖於瓶中！

8) 瓶中培養
讓酒與死酵母渣一同於瓶內培養至少12個月，接著再讓死酵母渣落下至瓶頸處集中……

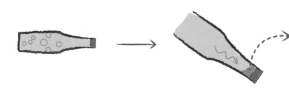

→ 死酵母渣

9) 除渣
藉由瓶中壓力將死酵母渣噴出……

10) 補糖
……隨同噴出而減損的酒液，則進行補糖（添補以葡萄酒與糖的混合液）。依據所求風格不同，糖分可多可少。這樣香檳就釀好啦！

影響香檳類型
與風格的因素

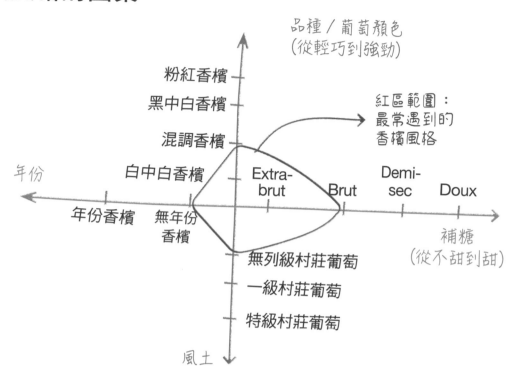

品種／葡萄顏色
(從輕巧到強勁)

粉紅香檳

黑中白香檳

混調香檳

白中白香檳

年份

年份香檳 　　無年份
香檳

Extra-
brut

Brut

Demi-
sec

Doux

紅區範圍：
最常遇到的
香檳風格

補糖
(從不甜到甜)

無列級村莊葡萄

一級村莊葡萄

特級村莊葡萄

風土

補糖多寡之別

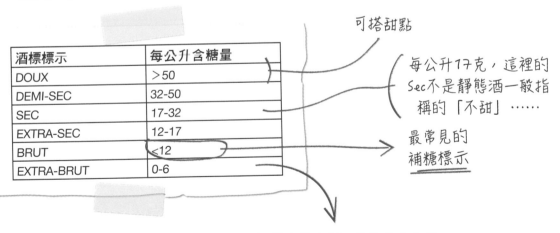

可搭甜點

酒標標示	每公升含糖量
DOUX	>50
DEMI-SEC	32-50
SEC	17-32
EXTRA-SEC	12-17
BRUT	<12
EXTRA-BRUT	0-6

每公升17克，這裡的
Sec不是靜態酒一般指
稱的「不甜」……

最常見的
補糖標示

如每公升小於3克或是完全無
補糖，則標示為Brut Nature
或Zéro Dosage

你可以參考幾個簡單的準則，但餐酒搭配就像是馬拉松，你必須調節體力。

OK

就像古典樂的**漸強**指示：先上味道清淡的前菜，然後主菜，最後是甜點。

所以規則一：葡萄酒也要循著「漸強」的法則。

先喝輕盈的氣泡酒，再喝清鮮的白酒，之後接續單寧比較重的紅酒，最後才是甜酒。

了解，剛開始要先熱身……

……然後才能使力，不然可能會拉傷肌肉！

哈哈，沒錯！

依照類似邏輯，規則二：**弱弱相惜、強強相搭**。酒與菜必須符合門當戶對的力道。

如果酒太強菜太弱，或反之，那就毀啦！

這樣才能達到和諧境界。

所以我的「鵝肝醬－索甸」的搭配很恰當，因為兩者都強！

你的確遵循了規則二，卻違背了規則一：「漸強」法則。

用餐一開始就飲用索甸，味道過強，會讓客人一下子就味蕾疲乏。

這樣我懂了：拿香檳搭甜點，就同時違反了兩條規則。

首先是違反「漸強」，因為香檳出來得太晚了；兩者力道也不對稱，因為甜點非常甜。

觸類旁通呦，愛因斯坦！

我開始能抓到酒搭餐的訣竅了，多謝，夏洛特。

不客氣啦！

不過呢，說到底……

這些只是可資遵循的大準則，並非真的顛撲不破。每個人還是有各行其是的空間。

各行其是？那我該如何是好？

你愛怎麼弄，就怎麼弄啦！

愛怎樣都行？但是……

上酒順序

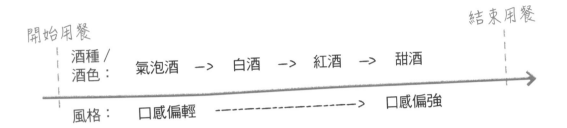

結束用餐

開始用餐

酒種 /
酒色： 氣泡酒 —> 白酒 —> 紅酒 —> 甜酒

風格： 口感偏輕 ------------> 口感偏強

酒菜力道必須門當戶對

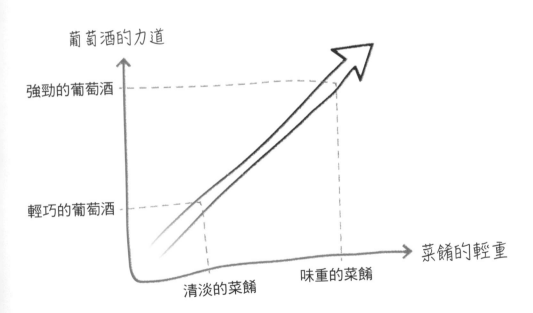

葡萄酒的力道

強勁的葡萄酒

輕巧的葡萄酒

菜餚的輕重

清淡的菜餚

味重的菜餚

6月25日星期二

西南部產區的榮耀時刻

今年度最佳葡萄酒產區是……

法國西南部產區！

哇嗚！太讚啦！！

贏的是我們的客戶喔!!

天大好消息！

路西安啊，你不知道我們費了多大的勁，我們在行銷上協助他們好多年了……

整個過程真的不簡單！

「不簡單」？鵝肝醬、煙燻鴨胸、拜雍火腿、阿維宏豬肉熟食、侯克弗藍黴起司……，我覺得西南部並不難理解呀！

美食是不難理解……

葡萄酒就沒那麼簡單了，該產區的葡萄園就像四散、沒啥統一特性的星宿……

……從法國
中央高原……

……到庇里
牛斯山麓區……

馬西雅克法定產區，
品種：菲榭瓦度

馬第宏法定產區，
品種：塔那

居宏頌法定產區，
品種：大蒙仙、小蒙仙

亨利四世
受洗用酒！

……還經過
加隆河盆地區！

蓋雅克法定產區，
品種：莫札克

風東法定產區，
品種：聶格列特

卡歐法定產區，
品種：馬爾貝克

啊，這產區
我認得！

對吧，這樣寬廣的多樣性要
溝通起來可不容易！但也造
就了本產區的豐富多元，可
說是原生品種的博物館。

對了，試試這款Phylloxéra病爆
發前的葡萄樹所釀的酒款吧。

Philoxérix？

你在講
高盧語嗎？

PHYLLOXÉRA
根瘤蚜蟲

路西安，那是指根**瘤蚜蟲**，牠們形體特小，還差點將歐洲的葡萄樹摧毀殆盡……

牠們會攻擊葡萄樹根……

大家來吃喔！

……會讓一棵葡萄樹在三年左右就死亡。

啊啊啊……

該死的蚜蟲……

進攻吧，洋基佬！

此蚜蟲源自**美國**，在1860年左右抵達**法國**，於20年間肆虐所有法國葡萄園。

科學家最終找到解決之道：將法國葡萄樹嫁接在能夠抵禦蚜蟲的美洲種葡萄樹根上。

好險！好險！

法國品種葡萄樹

美洲種葡萄樹樹根

我們現在品的酒來自未經嫁接的葡萄樹，也就是根瘤蚜蟲病爆發之前的樹株。

這非常稀有喔！

是什麼品種呢？

依據古法，酒農將多樣的品種一起種植在同一塊葡萄園裡頭。

喔，這樣呀……那屬於哪個法定產區呢？

是卡斯康丘，不過不是法定產區等級，而是指定地理區保護等級（IGP）。

在法國，我們依據生產條件以及與風土連結的緊密與否，將葡萄酒分為**三個階層**。

位於金字塔底部的是無指定地理區的葡萄酒，這類酒在哪兒都可釀，沒啥限制，也沒規定必須與風土有所關聯。

往上一階則是**指定地理區保護等級（IGP）**葡萄酒，之前叫地區餐酒（VDP），必須在特定地區才能釀造。

最上一階則是**法定產區保護（AOP）**葡萄酒，以前稱為AOC：風土劃分嚴謹、品種受規範、釀造規定嚴格。理論上是最尊貴且最高的層級。

不過目前的現實卻有點顛覆了這個階層設定：有些酒農跳脫了法定產區的拘束，自由地釀出很精彩的無指定地理區葡萄酒……

……然而此金字塔架構仍為全世界所公認。

路西安，你知道嗎？這金字塔階層可是用上法國酒業史一百年的光陰才換來的成果……

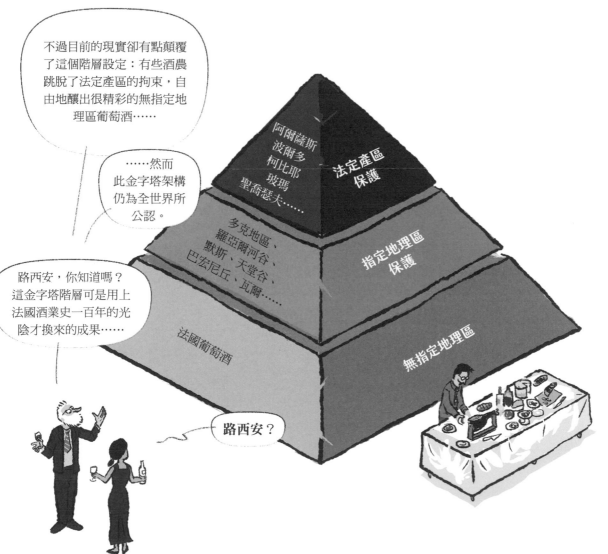

阿爾薩斯 波爾多 柯比耶 玻瑪 聖喬瑟夫……

法定產區保護

多克地區、羅亞爾河谷、默斯、天堂谷、巴宏尼丘、瓦爾……

指定地理區保護

法國葡萄酒

無指定地理區

路西安？

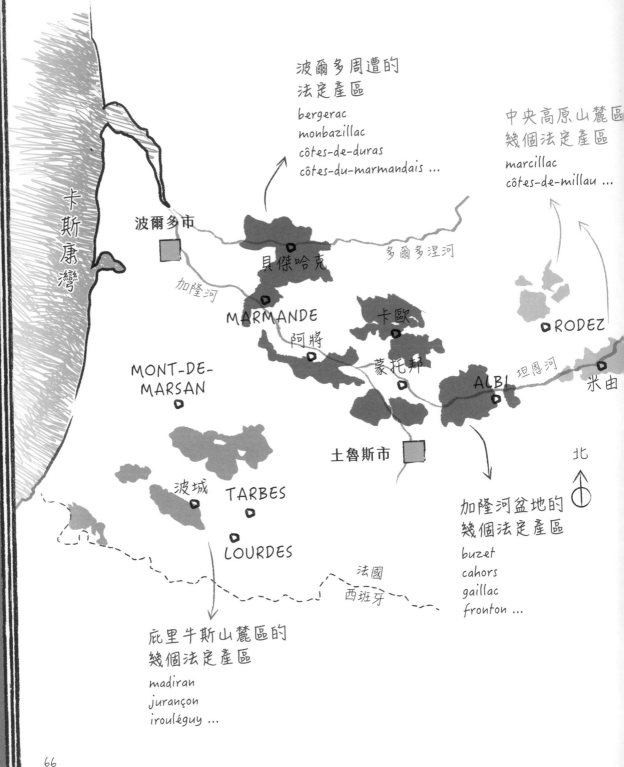

西南部產區 --> 地圖

波爾多周遭的
法定產區
bergerac
monbazillac
côtes-de-duras
côtes-du-marmandais ...

中央高原山麓區
幾個法定產區
marcillac
côtes-de-millau ...

卡斯康灣

波爾多市

多爾多涅河

加隆河

貝傑哈克

MARMANDE

卡歐

RODEZ

阿將

蒙托邦

MONT-DE-MARSAN

ALBI

坦恩河

米由

土魯斯市

波城

TARBES

北

LOURDES

加隆河盆地的
幾個法定產區
buzet
cahors
gaillac
fronton ...

法國

西班牙

庇里牛斯山麓區的
幾個法定產區

madiran
jurançon
irouléguy ...

66

馬爾貝克 --> 品種

種在哪？

主要種植在卡歐，但在其他西南部產區與波爾多（尤其是 Blaye-côtes-de-bordeaux）也與其他品種混調。在羅亞爾河的都漢產區稱為鉤特。阿根廷有大量種植。

鼻息

酒色偏深，以黑色水果香氣為主，帶香草氣息。

口感

單寧相當豐富，雖產區有別，但都具有相當好的儲存潛力。

塔那 --> 品種

種在哪？

本品種源自庇里牛斯山區，適合與其他品種做混調，它能帶來單寧架構與顏色。法國西南部（如馬第宏與聖山法定產區）與烏拉圭都見種植。

鼻息

具多樣的黑色水果氣息（黑莓、黑櫻桃、黑醋栗）。

口感

一如法文品種名，此酒口感堅實，架構十足。

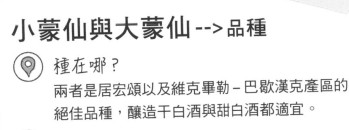

小蒙仙與大蒙仙 --> 品種

種在哪？

兩者是居宏頌以及維克畢勒－巴歇漢克產區的絕佳品種，釀造干白酒與甜白酒都適宜。

鼻息

黃色水果（蜜桃與楹桲）、異國熱帶水果與柑橘皮。

口感

能帶來圓潤酒體與良好酸度，使所釀甜酒顯得均衡與優雅。

這就是「**浸皮粉紅酒**」與「**榨汁粉紅酒**」的差異；後者顏色較淡，口感較輕盈。

我還是要說，可憐的普羅旺斯只能提供這種酒⋯⋯

嗅

喂，我說老羅呀，首先，粉紅酒可以很好喝的；再來，普羅旺斯可不只有粉紅酒⋯⋯

例如，還有**這個**！

「邦⋯⋯斗爾」？

？　？

試試看，儲存潛力超強的絕妙紅酒！

邦斗爾

這**慕維得爾**品種紅酒強壯之餘，還帶著滿滿清新感，釀自地中海陽光滿溢的山坡上！

嘿嘿，這酒來自他的神秘窖藏啦！

不喝粉紅酒還是很可惜啦。

是喔？

是呀，看看你這盤：葡萄柚鮮蝦沙拉、契波拉塔肉腸和普羅旺斯燉菜⋯⋯粉紅色的交響樂章，搭配⋯⋯粉紅酒真是完美極了！

看顏色搭餐聽起來很笨，但很有用呦！

BANDOL

白酒搭白身魚……不過赤肉鮪魚就可以搭清爽的紅酒！紅酒搭紅肉……甜味紅酒與金黃色甜白酒就搭甜點囉……

好像是耶，不過你的理論與起司搭配就行不通了。

事實上可行喔！與既定印象相反，白酒比紅酒更容易搭配起司，因為沒啥單寧影響。

趕快吃你的普羅旺斯燉菜吧，都快冷掉了！

你們知道嗎？釀好酒就像烹煮普羅旺斯燉菜！

啥？

對呀，你可以偷懶用蔬菜罐頭，然後材料全部丟進去一起燉個幾小時……

你也可以採用各式鮮蔬，每種材料分開煮製以獲得完美熟度……再接著混合慢烹，以讓風味完全融合。

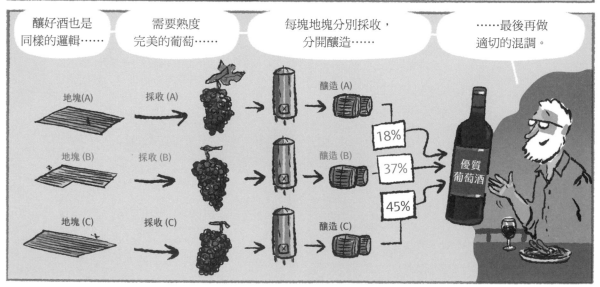

釀好酒也是同樣的邏輯……

需要熟度完美的葡萄……

每塊地塊分別採收，分開釀造……

……最後再做適切的混調。

地塊(A)　採收 (A)　釀造 (A)
地塊 (B)　採收 (B)　釀造 (B)
地塊 (C)　採收 (C)　釀造 (C)

18%
37%
45%

優質葡萄酒

哎呦，沒想到釀酒也可以這樣解釋……

尚，看來你需要**度個假了**！

那……，你要去哪裡度假呢??

我想去**隆河區**，參加**橘城**的「古劇場國際吟詩節」……當然還要去附近村落溜達一下。

不過今年呢，我想搭小貨船順著**南運河**遊覽，隨意停停逛逛。

你呢？路西安，度假想去哪？

噗！

哎，我剛到公司上班，還沒有度假的權利啦……

對呀，想太多了……

可惜……對了，我記得你喜歡騎自行車？

我和夏洛特有在考慮讓你出公差，參加**羅亞爾河單車之旅**，為葡萄酒觀光踩點……

主要是協助新客戶出版觀光手冊……

喜歡這主意嗎？最多兩三星期，再久可不行喔……

然後，每天都要老老實實地工作……

太太太讚啦，多謝！

萬歲！度假……**啊，不是，是工作去囉!!**

粉紅酒的釀造程序

1) 採收

採收後,將葡萄運至釀酒廠:使用黑葡萄釀造。

2) 去梗與破皮

……去梗(釀造浸皮粉紅酒)與破皮(使葡萄破皮擠粒,以釋出葡萄汁)。

直接榨汁釀造的粉紅酒

3) 榨汁

採收後不久,即開始榨汁,所獲得的果汁顏色淡薄……

浸皮釀造的粉紅酒

3) 浸皮

葡萄經過數小時浸皮(有時長達一天),與此同時,發酵也開始進行……

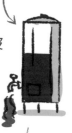

4) 發酵

……隨即開始發酵,葡萄的糖分在酵母作用下,開始轉化成酒精。

4) 發酵

……接著讓帶粉紅色的果汁流出,在無皮的狀態下完成酒精發酵。

5) 培養

接著是酒質培養程序,可以短至幾天,或長至幾個月,幾乎總是在不鏽鋼槽內進行。

普羅旺斯 --> 地圖

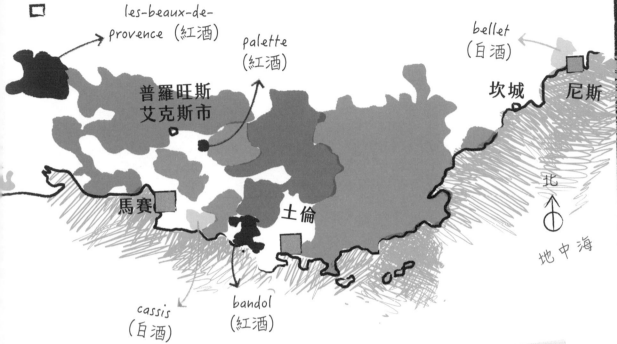

主要釀造粉紅酒的
法定產區

- coteaux-d'aix-en-provence
- coteaux-varois-en-provence
- côtes-de-provence

亞維儂

les-beaux-de-
provence（紅酒）

palette
（紅酒）

bellet
（白酒）

普羅旺斯
艾克斯市

坎城　尼斯

馬賽

土倫

北

地中海

cassis
（白酒）

bandol
（紅酒）

慕維得爾 --> 品種

🔘 **種在哪？**
普羅旺斯邦斗爾產區的主力品種，在隆河與隆格多
克會與其他品種一起混調成多樣酒款。西班牙有
大量種植，當地稱為 Monastrell。

🦅 **鼻息**
野生小漿果、香料、皮革。

👄 **口感**
單寧相當多，酒齡年輕時略顯嚴肅不開，多年儲
存後才會展現真正的潛力與風味。

75

路西安繼續羅亞爾河產區的旅程……

餐廳

哄哄……
呼呼呼……

安傑市

安茹產區圖

修雷鎮

梭密爾市

噗呼呼……

梭密爾市

岩洞餐酒館

哄哄……
呼呼呼

HOT

喀嚓

參觀岩洞酒窖

嗶滴嗶滴嗶滴……

嗨，同事好，車子騎得如何？我正在爬**孟彌海岩壁**……風景真是太壯麗了！

我後頭就是**吉恭達斯**與**瓦給哈斯**產區，**格那希**品種的天堂。

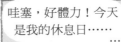

哇塞，好體力！今天是我的休息日……

……我剛剛參觀了**梭密爾**產區的一處**岩洞酒窖**……

……我剛還學到了：羅亞爾河氣泡酒的釀法竟然與香檳一樣！

你有沒試到以**白梢楠**品種釀造的梭密爾氣泡酒？

有啊，真美味！這裡的**白梢楠**種得到處都是*，酒款名稱都很具創意……

梢楠鐵路
藝術剪髮

梢楠小路

梢楠愛之路

梢楠路上
飄酒香

你注意到了嗎？他們用白梢楠釀造所有類型的葡萄酒：**干白酒、甜白酒、靜態酒、氣泡酒。**

靜態酒

干白酒 ← → 甜白酒

氣泡酒

沒錯，此外我是先從產干白酒的**莎弗尼耶**開始騎車，接著進入**安茹**。

之後往南進攻，進入甜白酒的國度：**萊陽丘**……

……接著才騎去生產氣泡酒的**梭密爾**。

太棒了，你接下來往哪個方向騎？

會朝都漢以及希濃方向騎！

小心不要讓生於希濃的大作家拉伯雷的鬼魂將你抓走……

別擔心啦，拉伯雷不是說過「葡萄汁能洗滌精神與智力」嗎？

*譯注：白梢楠（Chenin）的發音與法文的「路」（Chemin）近似。

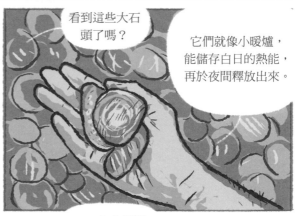

羅亞爾河谷地
--> 地圖

都漢北區的法定產區：
coteaux-du-vendômois, coteaux-du-loir

奧爾良市

旺多姆市

羅亞爾河

南特市

安傑市

梭密爾市

都爾市

布爾日市

安茹相關
法定產區：
anjou-villages,
cabernet-d'anjou,
coteaux-du-layon,
savennières ...

南特地方的
法定產區：
muscadets,
gros-plant-du-
Pays-nantais

梭密爾相關
法定產區：
saumur,
Saumur-champign...

都漢西區的
法定產區：
chinon,
bourgueil

都漢東區的
法定產區：
vouvray,
montlouissur-loire,
cheverny ...

白梢楠 --> 品種

📍 種在哪？
此為羅亞爾河谷地常見品種，不僅可釀成干白酒，
也被釀成甜白酒與氣泡酒（產區包括 Anjou,
Savennières, Coteaux-du-Layon, Vouvray,
Montlouis……），南非也見大量種植。

👃 鼻息
具有椴花、洋梨、榲桲、檸檬與蜂蜜氣息。

👄 口感
總是伴隨著美好酸度，帶來細緻感與清鮮度。

卡本內弗朗 --> 品種

📍 種在哪？
在羅亞爾河是單獨釀造（產區如 Chinon, Bourgueil, Anjou,
Saumur-Champigny），於波爾多則常與梅洛一起釀造（產
區如 Saint-Émilion, Pomerol）。加州也見種植。

👃 鼻息
具新鮮紅色水果香氣（覆盆子），也帶一絲花香（鳶尾花）。

👄 口感
口感細緻，略有單寧感。

南隆河谷地

--> 地圖

蒙鐵利瑪市
grignan-les-adhémar
côtes-du-rhône et côtes-du-rhône villages
côtes-du-vivarais
gigondas
橘城
vacqueyras
duché-dúzès
châteauneuf-du-pape
ventoux
tavel
亞維儂市
隆河
尼姆市
costières-de-nîmes
阿爾市
luberon
蒙佩利耶市
普羅旺斯艾克斯市

格那希 --> 品種

種在哪？

在南隆河（Châteauneuf-du-Pape, Gigondas, Rasteau）與隆格多克－胡西雍（Corbières, Saint-Chinian, Côtes-du-Roussillon），格那希與希哈以及慕維得爾混調在一起。在胡西雍（Banyuls, Maury），它則單獨釀造成絕佳的「天然甜葡萄酒」（VDN）。此品種在原生地的西班牙被大量種植。

鼻息

櫻桃、可可、李乾。

口感

為酒帶來圓潤與溫暖的口感。

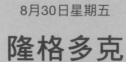

8月30日星期五

隆格多克
採收記

路西安，你進度如何？快採完了嗎？

對……啊，還沒啦，這差事不簡單。

比如這串，我收，還是不收？

事情很簡單：「看起來好吃的，就留著！」如果葡萄不好吃，釀成的酒也不會好喝……

OK OK

我把這桶倒進採收車，就來幫你採完你那一排……

吐嘆……

不然我們暫停，先加入大家吃點心吧！

謝謝大家，效率真讚！我們進度有維持到喔。

採完這塊絕佳的**格那希**之後，我們等下要採**卡利濃**囉。

你還留著卡利濃？我以為我們都拔光了！很普通的品種，不是嗎？

卡利濃天生產量就大，以前大家都求量，所釀成的酒就是工業化生產的爛東西，所以這品種的名聲一直不好……

在真正發覺卡利濃的優點之前，有關單位就開始發獎金給酒農，讓他們拔掉葡萄樹……

現在又開始討論發補助金，讓我們重新種回卡利濃！

幸好，還有一些像我一樣的酒農，保留種在山坡上的卡利濃老藤……

……它和希哈與格那希一起混調，可釀出具香料調性、架構十足的精彩紅酒。

說歸說，在能喝到卡利濃混調酒之前，還先要採收！

上工啦！免得等一下太熱了！

噗呼呼，山坡拿來種葡萄或許很不錯，但拿來磨練我的膝蓋，好辛苦呀……

如果葡萄樹必須受苦才能得出最好的成果……

……對採收工也是同理可證。

好美的歌詞，Sardou*？

你開玩笑吧！

正由於本區酒農堅忍不拔的努力，才跳脫出釀造色深卻粗獷的紅酒下沉螺旋。

今日的隆格多克，除了靠西部的歷史產區之外（如**柯比耶、密內瓦**或是**菲杜**）……

……在東部也出現為數不少的新產區：如**聖路峰、克拉伯、拉札克河階**……

其實，現在的**隆格多克**已經成為法國最大的**有機種植**葡萄園了！

好啦，我認輸，忘了Sardou，我們趕工吧！

*譯注：法國歌手，作品多關心社會和政治議題。

隆格多克 --> 地圖

saintchinian

faugères

minervois

尼姆市

蒙佩利耶市

pic saint-loup

貝茲耶鎮

塞特鎮

terrasses du larzac

拿朋市

la clape

fitou

北

AOC régionale languedoc

沛平雍市

corbières

卡利濃 --> 品種

種在哪？
在隆格多克（Corbières, Fitou, Minervois）與普羅旺斯，卡利濃通常拿來與希哈、格那希與慕維得爾一起混調，西班牙也見種植。

鼻息
經典香氣以黑色水果（黑莓與黑櫻桃）、咖啡與香料調為主。

口感
強壯、架構強，帶一些艱澀感。

喔，你看，老年份的波爾多，價格還不貴呢！

幸好賣得不貴，這酒的狀況應該不怎樣……

路西安，酒跟人一樣，都有一條**生命曲線**：首先是**青年期**，接著進入酒質愈來愈好的**成熟期**，就像小孩長大成人一樣……

……然後進入酒質**巔峰期**，狀態最佳的時刻……

……最後來到**衰老期**，酒質日益下降，直到「死亡」。

依據該年份的潛力好壞，其酒質劇本走向大致底定，該年份的酒或多或少都具有一定的儲存潛力以及酒質增進的空間。

酒質絕佳

酒質良好

酒質普通

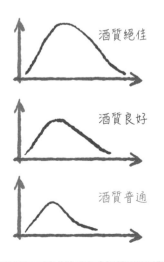

你剛選的這款酒年份極為普通，所以它不具有可以長期儲存的潛力。

瞧，老藤款耶，
應該很好喝吧？

葡萄藤愈老，基本上酒質會
愈好，問題是「老藤」一詞
在法國並無明確規範……

這瓶「老藤」的
葡萄樹齡可能是
5歲或是50歲！

這款標明「在橡木桶中
培養」，很得我心，
這總該是好酒了吧？

這只能顯示出
葡萄酒會有的風味
（架構較強、
木桶味較重）……

……然而在橡木桶
中也可能培養出很
爛的酒……

哪，這個在酒標上有
寫「波爾多美釀」？

……這只表明釀造者
有繳給當地的行政機
關稅金罷了！

不要將
「美釀」與
「特級園」
搞混了！

齁⋯⋯，那我到底要怎麼挑選啦？

這的確不簡單，酒標上寫了許多東西，有些是依規定必須標示，有些屬選擇性標示，有些資訊有用⋯⋯另一些只是創意行銷文字罷了。

我以後會解釋給你聽！

現在，要知道這些酒的好壞⋯⋯

⋯⋯就只能親自品嚐囉！

免費品酒

⋯⋯當然，也可以聽聽專業人士的建議。

樂意效勞！

免費品酒

先試試我這款歐維涅丘，以加美混調黑皮諾，柔美多果味⋯⋯

⋯⋯然後再試這款以100%梅洛釀造的貝傑哈克，非常可口喔⋯⋯

免費品酒

噗⋯⋯選擇這麼多，我喝到頭暈了啦⋯⋯

當然啦，我們只吐出一半的酒而已！

FOIRE AUX VINS

免費品酒

葡萄酒的生命曲線圖

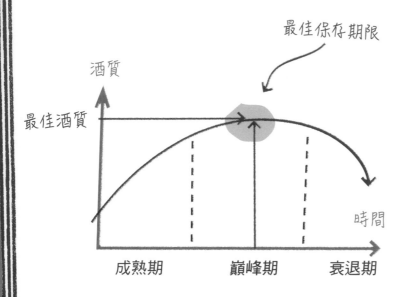

最佳保存期限

酒質

最佳酒質

時間

成熟期　　　巔峰期　　　衰退期

年份品質曲線圖

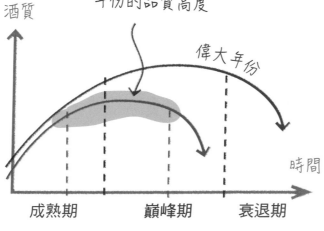

較弱的年份：儲存期間
較短，也無法到達偉大
年份的品質高度

酒質

偉大年份

時間

成熟期　　　巔峰期　　　衰退期

年份
讓我們對該年份酒質
以及儲存潛力有基本
概念。

酒莊名或品牌名
可知道酒款釀自何人。

酒款名
在釀造者所釀的系列酒
款中，辨識該款酒名。

品種名
可大略知道酒款風格與
特定香氣。（當然你必
須先認識該品種！）

健康警語
　在法國，當某款酒
內含超過每公升10毫克
的二氧化硫時（包括幾
乎所有的葡萄酒，有機
酒也不例外），就必須
標示。
另一必須標示警語：
孕婦請勿飲酒。

解析葡萄酒標

某產區美釀……
只是標明屬於某產區的行政式標示而已。不要將美釀（Grand Vin）與特級園（Grand Cru）搞混了（如布根地與阿爾薩斯的特級園；或是香檳區的特級村莊），波爾多的「Cru Classé」是指列級酒莊。

釀酒相關標示
在橡木桶裡培養的酒通常架構比較宏大，木桶味偏重。白酒的話，有時會有甜度標示，如Sec（干型）、Demi-sec（半甜）、Moelleux（帶甜）……

2018　GRAND VIN DE BORDEAUX

CHÂTEAU BEL-AIR

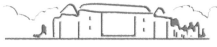

Cuvée Emma

ÉLEVÉ EN FÛT DE CHÊNE

MERLOT · VIEILLES VIGNES

BORDEAUX SUPÉRIEUR
APPELLATION D'ORIGINE PROTÉGÉE

Mis En Bouteille Au Château

Contient: Sulfites　12,5 % VOL.　75 CL

老藤
「老藤」標示未有規範，故不是有效的酒質鑑別標準！

產區劃分等級
AOP（法定產區保護）、IGP（地理區保護等級）或是法國葡萄酒（Vin de France）。前兩者指出了所生產的地區，故具有特定的葡萄酒類型（風格）特徵。

有機標章
指稱釀造者所施行的農法類型。

酒精濃度
可大致判斷酒的風格：15%的酒會比12%的來得宏大強勁。

容量
最常見的是瓶裝750ml；甜酒則常是500ml。

裝瓶
酒堡裝瓶、酒莊裝瓶、農莊裝瓶，雖可據此進行酒品溯源，但與品質不一定相關。

10月12日星期六

參觀老哥的酒窖

我們終於有幸來到藏寶洞啦！

芝麻開門！

跟著我，朝這來！

大概有15級的階梯喔……

我真的必須找人來修修樓梯間的自動感應照明啦。

等一下喔，我找找……

……哈，開關在這啦！

喀！

歡迎來到我的藏酒窖！

哇嗚！

好驚人！

哇，1975年份蒙哈榭白酒……

1996年份 Clos Rougeard 紅酒……

喂，尚……

1991年份 Tempier 紅酒……

這裡很潮濕耶……？

我希望如此囉……

1983年份瑪歌堡紅酒……

還是1500ml的！

濕度是一間好酒窖必備的**七個要素**之一。

足夠的**濕度**才能保持軟木塞不乾裂，致使空氣滲入瓶中……

此外，還必須有穩定且**涼爽的溫度**，大約攝氏12度最佳……

很舒服！

且必須**通風良好**……

對啦，但不要太超過！

也不要有**怪味**……

啥……，你説什麼？

同時避免**震動**（小心地鐵經過）……

我從不坐地鐵！

還要有適合沉睡的暗黑環境。

哄哄……呼呼呼……

那第七個要素呢？

總是讓酒瓶保持**平躺狀態**，以免酒塞乾縮！

總之，不要將葡萄酒保存在像是廚房這樣的環境！

找到你想喝的了嗎？夏洛特？

嗯，那麼……我們可以品嚐這幾瓶嗎？

沒問題啦，選得好！

喀！

好吧，我們上樓吧！

你不用聞聞軟木塞以確認酒質狀態嗎？

不用啦，沒多大作用，木塞基本上就是軟木的氣味……重點是品嚐。

你要過瓶嗎？

對。

醒酒的作用是什麼？

我不醒酒，我要進行的是**過瓶除渣**！

親愛的路西安，這兩者有些微差別喔。

我們在侍酒之前，將老酒**過瓶除渣**，以分離長久以來慢慢形成的沉澱酒渣。

可以使用**窄頸醒酒器**，好讓比較脆弱的酒不至於過度氧化。

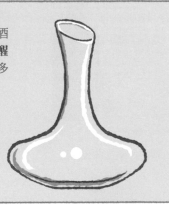

我們將年輕的酒倒入醒酒器裡幾個小時，以進行**醒酒**，使其氧化並發展更多香氣與滋味。

可以使用**寬口醒酒器**，好讓酒液與氧氣的接觸面積擴大。

當酒齡非常大時，就什麼都不必做了。

就跟人一樣，年紀愈大，愈不應該過於粗暴。

來喔，試試看吧！

有觀察到嗎？路西安，隨酒齡漸長，酒色從紫紅變成橘紅？

真的：通常是雞冠花色或是茜紫色……

……但，這裡它轉成土耳其紅棉布色與義大利西恩納紅磚色……

呃，應該就像你說的吧……

嗯，細緻的鼻息下，可以聞到林下灌木欉、松露……

以及一絲菸草與皮革氣息。

入口觸感很絲滑……

光陰打磨了單寧的滑順感。

嗯……，這種酒不能吐掉了吧？

這實在太讚了，等不及品嚐另兩款了。

哈哈哈！

哇嗚！真是美妙！

吼吼

再次多謝了，尚，真是貴賓級享受。

好個意想不到的美酒經驗。

你們不要再拖拖拉拉，否則趕不上最後一班巴士喔！

踏踏！

嗚呼！

優良酒窖的七個要素

☑ **溫度**
約攝氏 12 度，不要有過大溫差，溫度低一些總比高一些好！

☑ **通風**
進風口與出風口需有高低差，好讓通風順暢。

☑ **濕度**
最佳濕度在 70-80% 之間，濕度過低容易造成軟木塞乾縮，而讓酒液滲出。

☑ 平躺酒瓶

 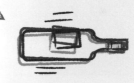

➖ **光線**
葡萄酒怕光（尤其是香檳），因此絕大多數葡萄酒瓶都會經過上色處理。

➖ **氣味**
不要在近處存放食物或是化學製劑……尤其不能將醋放在旁邊！

➖ **震動**
酒窖裡的葡萄酒得要休養生息，而不是受震動干擾，如地鐵或是洗衣機……

醒酒或是過瓶除渣

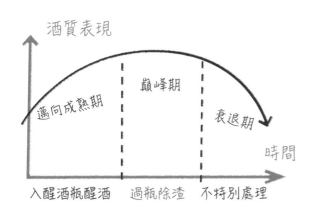

酒質表現

巔峰期

邁向成熟期

衰退期

時間

入醒酒瓶醒酒　　過瓶除渣　　不特別處理

	入醒酒瓶醒酒	過瓶除渣
醒酒器寬窄	寬瓶	窄瓶
倒酒速度	較快	較慢
品嚐的等待時間	較長	較短

你們兩位，笑一下囉！

閃！

歡慶布根地

你們兩個太帥了，一定要記錄下這歷史的一刻。

夏洛特，你又顯得光彩動人了！

謝謝誇獎，畢竟朋友之中有人獲得**品酒騎士**的殊榮，可不是天天有的事。

真的，尚，恭喜恭喜。

真是我的榮幸。路西安，你瞧瞧兩邊，**梧玖克羅園**是由中世紀熙篤修會的修士創立的歷史葡萄園。

梧玖園是一塊50公頃的方形園區，由80位酒農共有，真是神奇！今日園中的梧玖堡正是「品酒騎士協會」的所在地，他們也在那裡舉行**騎士授勳儀式**。

授勳儀式？

其實就是授勳的盛大酒宴，你等一下就知道了，不會讓你失望的！

超過500人！想想廚房的備貨陣仗有多繁雜……

人多到炸，今晚到底有多少人呀？

看看菜單，你應該會很喜歡喔。

對呀，布根地並不複雜：主要的白酒品種是**夏多內**，主要的紅酒種是**黑皮諾**。

真的，應該會吃得很撐！

第一款酒是什麼品種？

夏多內。

喔，那跟夏布利一樣囉？

啦啦啦

造成所有風格差異的是：風土。

啊，「布根地歡樂頌」來囉，我喜歡!!

啦啦啦咧咧咧

嚕嚕……
呼呼呼
啪啦啦啦啦啦啦啦累嚕……
大氣環境…起大早…
呼嚕噗噗噗……

路西安……？

嚕嚕嗯……
我們到哪了？

我們剛又經過
梧玖克羅園，
自離開旅館後，
你就一直打瞌睡。

這裡的公路地圖與
葡萄園地圖幾乎一
致，真是神奇！

還不如好好欣賞美麗
的特級園之路!!

梧玖克
羅園

馮內－
侯瑪內

夜丘，
再見了，伯恩丘
就在前方！

啥，
什麼丘？

瞧，布根地的葡萄
園從**第戎**到**馬貢**之
間呈長條狀分布，
分成四區塊：

夜丘區一直延伸
至**夜聖喬治村**南
邊，接著**伯恩丘**
就在**伯恩市**周遭
展開……

夜聖喬治
酒農們謝謝您
的光臨

……最後以**夏隆丘**
與**馬貢**區作結。

我們到
伯恩市啦！

路西安，好好欣賞建於15世紀的**伯恩濟貧醫院**吧，現在是**博物館**了。

好壯麗！

伯恩濟貧醫院的另一項遺產，也是我們之所以在此的原因是：它所持有的60公頃園區所產的酒，會於每年11月的**拍賣會**上賣出。

這拍賣會是布根地「**榮耀三日**」的第二個高潮，第一高潮就是昨晚的**品酒騎士授勳**。

第三高潮呢？

第三是**梅索波雷餐宴**，這酒農餐會於明天舉行……

可惜，我們明天就離開了！

我要去赴約了，下午的葡萄酒拍賣會見囉。

你想參觀伯恩濟貧醫院博物館嗎？

我比較想去買一兩瓶酒，當作紀念。

我們去逛逛**雅典娜書店**吧，這裡也有不少精選的美酒。

雅典娜書店

這下子真的需要你的協助了，這些分級與克立瑪搞得我暈頭轉向的……

沒問題啦，其實一點都不難……

布根地產區分為四個等級：從最初階到特級園：

位於金字塔最底部是地區級法定產區 **Bourgogne**，**整個**布根地都能釀造。

之上是村莊級法定產區，葡萄必須來自**特定**村莊。

各村莊裡的**最佳克立瑪**則被列為一級園，在**村莊名**之外，會寫上一級園地塊名。

最上層的**頂尖克立瑪**則被列為**特級園**（只有30多個）；這些特級園有各自獨立的法定產區，因此不需寫上村莊名！

風土的劃分愈是精細，酒質也愈好！

了解，所以與波爾多剛好相反：在布根地被列為特級園的不是酒莊本身。

沒錯！我有個辦法讓你一次搞清楚這些分級。

我們可以將店裡的酒都試過嗎？

這主意真是太棒了，騎自行車！

嘿嘿，我就知道你會喜歡！了解風土的最佳方式就是田野調查。

我們正在知名的高登山腳下，整個山頭種滿葡萄樹，由馬賽克拼貼般的克立瑪所構成。

園區愈高，風土愈好：這與向陽以及土質有關。

在省道下邊的平原區，是風味比較「簡單」的**地區級產區**。

一旦越過省道，只要坡度有上升，就屬於村莊級產區，再上去是一級園，最上面是特級園。

村莊級產區 一級園產區 特級園產區

布根地地區級產區

平原：無坡度

D974

如果我的理解正確，要獲取這道坡最佳的葡萄酒，就必須攻頂？

完全正確。

好勒……
最後上山的，要奉送對方一箱特級園!!

喂，你作弊啦，**我還沒準備好欸……**

布根地 --> 地圖

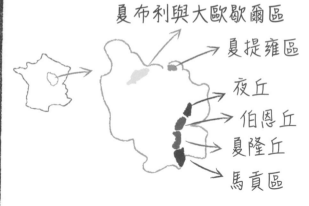

夏布利與大歐歇爾區

夏提雍區

夜丘

伯恩丘

夏隆丘

馬貢區

夜丘的法定產區：
gevrey-chambertin, chambolle-musigny,
clos-de-vougeot, vosne-romanée,
nuits-saint-georges...

夏隆丘的法定產區：
rully, mercury, givry...

北

第戎市

夜聖喬治市

伯恩市

索恩河夏隆市

伯恩丘的法定產區：
aloxe-corton, beaune,
pommard, meursault,
puligny-montrachet...

馬貢區的法定產區：
mâcon, saint-véran,
pouilly-fuissé...

馬貢市

黑皮諾 --> 品種

種在哪？
布根地代表性品種，也能在鄰近的香檳區（用於黑中白與粉紅香檳）、阿爾薩斯、侏羅以及羅亞爾河中央產區（松塞爾）找著。此外，美國（奧瑞岡與加州）、德國（品種寫成 Spätburgunder）以及澳洲也見種植。

鼻息
可嗅到紅色水果（櫻桃）、黑色水果、牡丹與林下灌木叢氣息。

口感
酒質細膩優雅，依風土之別，或多或少帶些豐腴感。

布根地法定產區金字塔 (產量百分比)

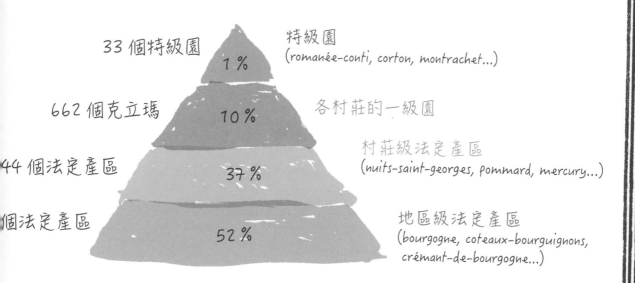

33 個特級園 ── 1% ── 特級園
(romanée-conti, corton, montrachet...)

662 個克立瑪 ── 10% ── 各村莊的一級園

44 個法定產區 ── 37% ── 村莊級法定產區
(nuits-saint-georges, pommard, mercury...)

個法定產區 ── 52% ── 地區級法定產區
(bourgogne, coteaux-bourguignons,
crémant-de-bourgogne...)

各分級葡萄園
地理位置

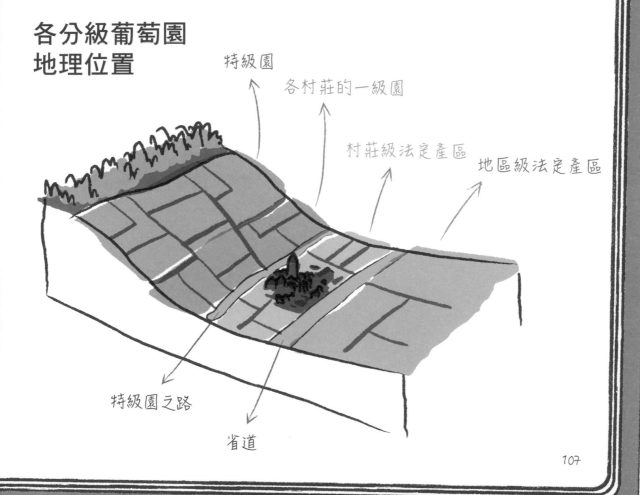

特級園

各村莊的一級園

村莊級法定產區

地區級法定產區

特級園之路

省道

11月21日星期四

薄酒來新酒來啦!

咦,正在試薄酒來呀?

對呀。

各位,早呀!

這酒看來應該還可以。

是還不差啦,剛開瓶試了一下,酒體有點太輕。

嗯,這很正常呀,這是只浸皮4-5天的新酒。

短時間內還不足以萃取出太多物質。

我聞到覆盆子的味道……

嗯,有喔。

的確有……

這類新酒慣用的二氧化碳浸泡法,常會帶出典型的紅色水果氣息……

酒農將整串未去梗葡萄置入酒槽中,蓋起來不接觸氧氣,以促使葡萄粒內的輕微發酵……

……於是產生了這些特殊香氣!

好像也有一點**櫻桃**味?

有喔,也有。

你們知道這讓我想起什麼來著?

我想起在羅亞爾河畔的河濱跳舞小酒館喝的紅酒……

……就**都漢露露**那家！

老闆娘是金髮美女喔！

對啦，**都漢**！不僅薄酒來釀造新酒，羅亞爾河的都漢產區也釀喔……

……品種也一樣，都是**加美**……

你說的對，不只有果香，還有其他的東西……

有可能是**紫羅蘭**嗎？

紫羅蘭？路西安，講得好！

我快受不了新酒和跳舞小酒館的陳舊往事了……

薄酒來有好幾個優質村莊的酒，像是**弗勒莉**、**薛納**或是**希胡柏勒**，都有這經典花香！

因為除了風味簡單的薄酒來之外，當地還有10個**優質村莊**的美酒！

所以薄酒來葡萄園就像四散的拼圖片是吧！

我開始覺得虛弱了……有沒有啥可以吃的？

拜託，我們不是來這裡隨性吃吃喝喝的……

咦，好像……還有香蕉味？

是的，先生！

噗嗞！

哈哈哈！

夠，停止這禁忌的話題！

這已經是不堪的記憶了！

??

噗吐！

??

這香蕉味早就是過去式了，好嗎！都是人工選育酵母71B帶來的誇張味道！

今日的薄酒來早就今非昔比了！

尚，冷靜一下！

薄酒來 --> 地圖

10個薄酒來優質村莊
brouilly, chénas,
chiroubles, côte-de-
brouilly, fleurie, juliénas,
morgon, moulin-à-vent,
saint-amour, régnié

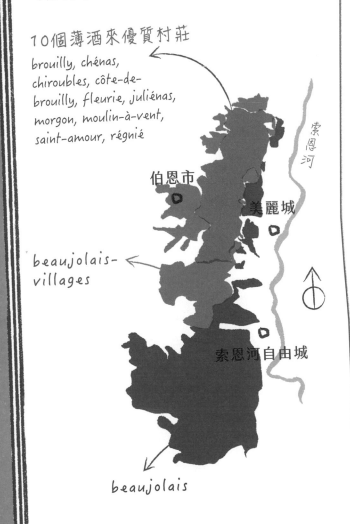

索恩河

伯恩市

美麗城

beaujolais-
villages

索恩河自由城

beaujolais

加美 --> 品種

🔵 **種在哪？**
除了是薄酒來的招牌品種，在
布根地（馬貢區）、中央高原
（聖普桑、歐維涅丘），或是
羅亞爾河流域（Anjou-Gamay
產區、都漢）也有種植。

👃 **鼻息**
紅色水果（草莓、櫻桃）與花
香（紫羅蘭、牡丹）。

🌊 **口感**
酒質柔美、適合年輕即飲，在
部分的薄酒來優質村莊（如
Morgon, Moulin-à-Vent,
Fleurie）可產出飽滿酒質，適
合陳年。

喂，自己享受噢？

喔，這酒太讚了，趕快倒一杯給我！

路西安，你的想法？

玫瑰花、荔枝、香料調，很飽滿……極佳的甜白酒。

完全正確，這酒聚集了阿爾薩斯最迷人的優點：極有特色的品種，且從干白酒到甜白酒都能釀得很好。

我認得麗絲玲與希爾瓦那，但這格烏茲塔明那實在太讚。這甜潤感來自何處呢？

「晚摘」這詞解釋了一切：延遲了採收日期，葡萄內的糖分就更加濃縮。

就像索甸，有貴腐黴感染是嗎……

晚摘之後的階段才是，在阿爾薩斯稱作「貴腐精選」，高貴形象永存……

親愛的同仁……

大家都已經對「耶誕節最佳毛衣」投票了……

……選票統計也在剛剛出爐了！

誰將贏得總經理捐贈的**神秘酒款**呢？

今晚的贏家
是……

路西安!!

YES!

讚讚讚,
謝謝大家
承讓!

大家給毛衣之王
鼓鼓掌!

恭喜,路西安!你在哪兒
找到這件厲害的毛衣?

這是我姑姑娜塔麗親
手織的愛心毛衣。

你應該把這瓶酒送給
阿姑致謝。

JE SUIS TON
PÈRE NOËL

哇噢!**1965年份**的
班努斯,厲害了!

咦,這酒這
麼好?

BANYULS
1965

我姑姑會很高
興,這是她的
出生年份。

完全沒死
喔!

這是「天然甜葡萄
酒」,糖分多、酒精
高,跟波特一樣……

它很強壯,
本來就能陳
放很久!

這酒齡酒超過50年
耶,它會不會已經
「死了」?

JE SUIS TON
PÈRE NOËL

就像是**被煮過**的葡萄酒囉？

嘰呼！

太糟糕了！千萬不要跟胡西雍的酒農這樣說話！

班努斯是當地名釀之一！

與麗維薩特或莫利是同類的酒。

呀……

這些酒採古法釀造：將中性酒精倒入正在發酵的葡萄汁裡頭……這過程稱為**酒精強化**。

ok ok

這**外加的酒精**會在糖分還未完全轉換成酒精之前，就抑制酵母作用。所釀成的酒，結合了葡萄果香、甜潤感與較高的酒精度（15-17%）。

之後，這些酒質強勁的酒會放入橡木桶裡，甚至是大太陽下的玻璃甕裡進行長期的培養，為酒帶來絕佳的複雜風味；這與「被煮過」的葡萄酒相去甚遠！

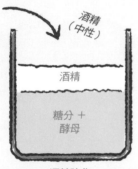

酒精
（中性）

酒精

糖分 +
酵母

酒精強化

酒精

酒精

糖分 +
~~酵母~~

天然甜葡萄酒

所以，路西安，你不開這瓶**班努斯**嗎？

它與夏洛特帶來的**巧克力蛋糕**很搭喔！

羅傑，你兩手空空來噢？

這樣啊，那很可惜……

那你就別想喝這瓶班努斯了……

阿爾薩斯
-->地圖

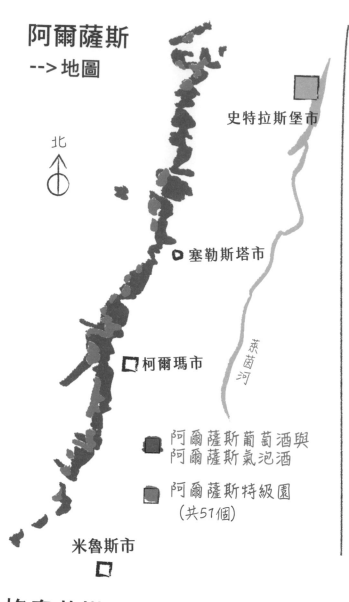

北

史特拉斯堡市

塞勒斯塔市

柯爾瑪市

萊茵河

■ 阿爾薩斯葡萄酒與
　阿爾薩斯氣泡酒

□ 阿爾薩斯特級園
　（共51個）

米魯斯市

格烏茲塔明那 --> 品種

📍 **種在哪？**
在阿爾薩斯與德國都有種植，能釀成干白酒
與甜酒（晚摘酒，貴腐精選甜酒）。

👃 **鼻息**
經典的香氣包括玫瑰、荔枝與香料調性。

👄 **口感**
圓潤強勁。

麗絲玲 -->品種

📍 **種在哪？**
萊茵河谷地與摩塞爾谷地的白
酒品種（阿爾薩斯、德國、盧
森堡），能釀成干白酒與甜白
酒。

👃 **鼻息**
能嗅聞到椴花、檸檬與白色水
果（蘋果），常伴隨礦物質類
氣息（汽油）。

👄 **口感**
相當飽滿的口感均衡了酸香靈
動的風味。

胡西雍的
天然甜葡萄酒 --> 地圖

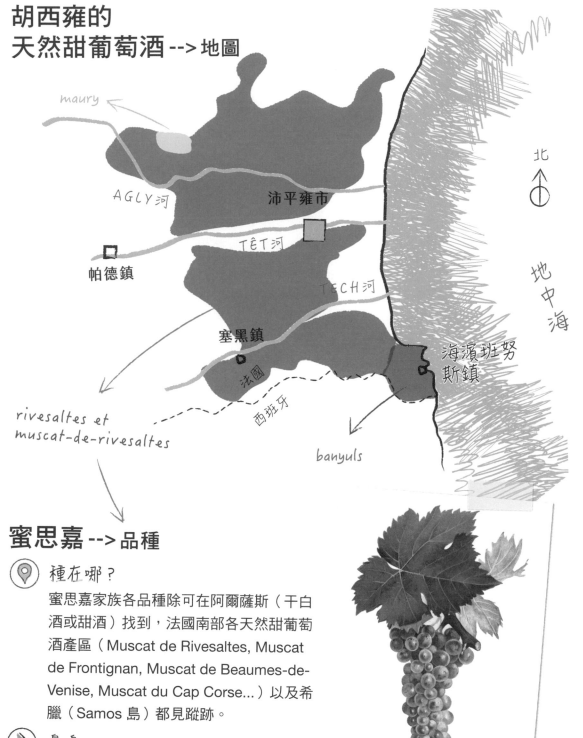

maury

AGLY河

沛平雍市

帕德鎮

TÊT河

TECH河

塞黑鎮

法國

rivesaltes et
muscat-de-rivesaltes

西班牙

banyuls

海濱班努斯鎮

北

地中海

蜜思嘉 --> 品種

🔘 **種在哪？**
蜜思嘉家族各品種除可在阿爾薩斯（干白酒或甜酒）找到，法國南部各天然甜葡萄酒產區（Muscat de Rivesaltes, Muscat de Frontignan, Muscat de Beaumes-de-Venise, Muscat du Cap Corse...）以及希臘（Samos 島）都見蹤跡。

👃 **鼻息**
葡萄品種本身的香氣、玫瑰與香料氣息（薑）。

👄 **口感**
圓潤可口。

1月17日星期五

體驗
有機葡萄酒

人好多，我真欣慰。我們花了許多力氣讓這酒展重新受到重視。

JEROBIOAM隆河－阿爾卑斯酒展

把酒展自**瓦隆斯**移轉到**坦恩－艾米達吉**舉辦，真是個好主意。

雖然交通比較不便，但能在北隆河壯觀的艾米達吉葡萄園核心舉辦，真的很讚。

幫我快速來個有機酒入門吧？

種植方面，不能使用殺蟲劑、除草劑或是化學製劑。

相對於「慣行葡萄酒」，釀酒手法必須更有益於酒質表現。

會比較好喝嗎？

有的好，有的壞。應該說，好好認真釀，酒喝起來感覺更有靈魂。

酒價也更貴！

呃……不好意思

?!

我們在葡萄園裡噴灑天然配方，以激勵土壤中的微生物與葡萄藤的活力；配方材料包括藥用植物、矽粉、有機牛糞等等。

此外，葡萄園以及酒窖的工作都遵循自然規律，尤其是月亮規律（如升月與降月……）。有些日子適合種植新株，另些時候合適剪枝，還有些日子特別適宜裝瓶。

當然，釀酒可以使用的製劑與手法都有嚴格規範！

星期一	星期二	星期三	星期四	星期五	星期六	星期日
	根 1	葉 2	根 3	果 4	花 5	葉 6
根 7	葉 8	花 9	葉 10	根 11	果 12	花 13
果 14	果 15	花 16	花 17	果 18	葉 19	葉 20
花 21	根 22	花 23	根 24	25	果 26	花 27
葉 28	花 29	根 30	果 31			

🍐 果日　✿ 花日　🍂 葉日　🌾 根日

先試試我們家的**恭得里奧**白酒，釀自**維歐尼耶**品種。

嗯，非常芬芳，有蜜桃、杏桃與紫羅蘭氣息……

同時很有脂潤感，不是嗎？

再來喝我家的**羅第丘**（Côte-Rôtie）紅酒，字面有炙燒的山丘之意。

……所以搭炙燒牛排應該很讚囉？

沒錯！至於Côte-Rôtie名稱緣由，人們還不是很清楚……

比較詩意的解釋與其風土有關：種植在陡峭山丘上的葡萄樹，由於受陽太好，葡萄出現被「炙燒」的現象！

啥品種呢？

希哈，北隆河紅酒都是希哈品種釀的。這很容易記，因北隆河谷地呈現S形蜿蜒曲折，就像……

……S……蛇形！

……S……SUPER-MAN！

維恩城

隆河

瓦隆斯城

這酒的單寧稍微重一點,你覺得還好吧,路西安?

沒問題啦,滋味很深沉,有香料氣息,極好喝!

克羅伊,多謝,釀得真好!

你今晚有空一起吃點東西嗎?

好主意,酒展結束後,我打給你。

太好了,我們先去自然酒的展區逛逛。

自然酒,是有機農法的另一個層次嗎?

可以說是最高層次:指那些無加入添加物釀造的葡萄酒,最多只添入微量二氧化硫保護而已。

那,好喝嗎?

這就像空中飛人表演,一旦成功,可產出絕美酒質⋯⋯

哈⋯⋯

⋯⋯一旦失敗,就粉身碎骨!

啪唰!

哎呀!

說到底,這些有機相關的酒款,有時我們會不會因為其立意良善,而給予較多掌聲,酒質反成其次?

這也不無可能⋯⋯不過既然立意良好,我們可以多加鼓勵他們。

121

有機葡萄酒相關標章分類

分類	特色	標章
有機農法	● 葡萄園中不使用除草劑、殺蟲劑以及化學合成農藥。 ● 釀酒上沒有太多規範限制。	
生物動力法	● 有機農法＋在釀造上加諸了更多的規範限制。 ● 使用天然的特殊配方，並遵循月亮的運行節律。	demeter　BIODYVIN
自然酒	● 無任何外來添加物。 ● 無外添二氧化硫，或是含量極低。	avn.vin　vins S.A.I.N.S

希哈 --> 品種

📍 **種在哪？**
北隆河唯一的紅酒釀造品種（產區包括 Côte-Rôtie, Saint-Joseph, Crozes-Hermitage）；在南隆河與隆格多克 – 胡西雍，會與格那希與慕維得爾一起混調。澳洲有大面積種植（產區：Barossa Valley）。

🐽 **鼻息**
黑色水果氣息、紫羅蘭、胡椒。

👄 **口感**
飽滿，架構佳，同時保有清新感。

北隆河 --> 地圖

■ 里昂市

□ 維恩市

côte-rôtie

condrieu

saint-joseph

crozes-hermitage

圖農市 ◻ 坦恩－艾米達吉

cornas

□ 瓦隆斯市

saint-péray

隆河

■ 蒙鐵利瑪市

維歐尼耶 --> 品種

🔵 種在哪?
在北隆河的恭得里奧產區以及
幾個 IGP 等級園區,維歐尼耶
是唯一的釀造品種。而隆河丘
法定產區白酒以及隆格多克白
酒,屬混調品種。世界各地的
種植面積有緩步成長。

🍃 鼻息
鼻息非常芬芳,聞之有蜜桃、
杏桃與紫羅蘭氣息。

🏔 口感
飽滿,且具脂潤的口感。

2月1日星期六

侏羅產區
黃酒節

還好它有氧化味，不然就不叫黃酒了！

黃酒的釀造：我們讓酒在橡木桶裡培養超過六年之久，在這段漫長時間裡，部分酒液透過橡木桶壁，蒸發至空氣當中。

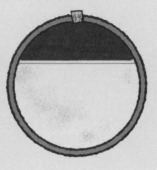

6年

在正常的培養程序中，酒農每隔一段時間就會在橡木桶裡填滿酒液，以補足被蒸發的空間；否則酒液與空氣接觸後會造成氧化。這程序就叫**添桶**。

但黃酒在培養時並不添桶。酒的液面下降後，會在酒液上形成**酵母的酒花薄膜**，使得酒液得以進行緩慢且受到管控的**氧化程序**。

就是這氧化程序讓**莎瓦涅葡萄**——釀造黃酒的品種——得以釀出偏深的酒色以及帶有特殊的核桃風味。

來，試試黃酒與原味核桃以及康提起司的搭配……

嗯～很神奇的餐酒搭配！

另外，由於黃酒本身就已經氧化過了，所以儲存潛力無可限量，可以陳放超過50年！

我剛才被嚇了一跳！本以為這酒是甜的……

啊，你把黃酒與侏羅區另一個寶藏**麥稈甜酒**搞混了。

我帶你去看麥稈甜酒的釀法……

不過我們要先脫身才行……

到了，就是這裡。

這酒農也釀麥稈甜酒。瞧，葡萄被放在柳條編織的**風乾架**上。

要釀造**麥稈甜酒**：須先將葡萄串放在空氣流通的室內風乾，最早是放在麥稈編織的架上，酒名也源自於此；至少風乾六星期，葡萄內的糖分會更加濃縮，才能釀出甜酒。這風乾程序稱為**Passerillage**。

如果我沒記錯，我的新進門生呀，你現應該已經認識**四種釀造甜酒的方法**了。

你能無誤地列舉出來嗎？

我來想想喔……

……以晚摘葡萄釀造……

以貴腐葡萄釀造……

酒精強化法……

……以及室內風乾法！

太棒了！很快你就能獨當一面，自行探索葡萄酒世界的奧秘了。

大師，我很榮幸能受到您充滿智慧的教導。

我也很榮幸，我的好門生。

好啦，我感到有點冷了，我們走吧？

好呀，再去喝一小杯黃酒？

侏羅 --> 地圖

北

arbois ←

阿爾伯鎮

château-chalon ←

夏隆堡鎮

l'étoile ←

côtes-du-jura
et crémant-du-jura

艾妥爾鎮

隆勒索涅市

莎瓦涅 --> 品種

🔲 **種在哪？**
侏羅區強勁黃酒的釀造品種，在
本區也與夏多內混調，以釀出較
具有花香的白酒。

👃 **鼻息**
核桃、青蘋果、咖哩。

👄 **口感**
酸爽又強勁。黃酒的話，品酒溫
度可以略高（大約攝氏17-18度），
且可以儲存幾十年而無慮。

甜酒的幾種釀造方式

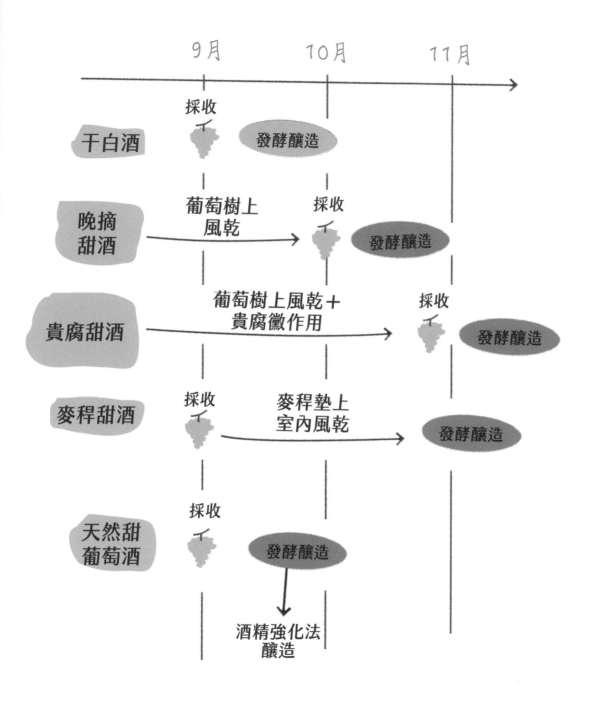

2月5日星期三

夢之島

發生啥事了？

唧咳！

所以，路西安，你是不是忘了什麼？

啊啊啊！你是何方神聖??

噗呼！

唧咳！

我是紅鬍羅煞，科西嘉葡萄酒天神！

我是來教導你關於科西嘉酒的壯麗的!!

事實上，我正在研究關於……

肅靜！好好仰慕這被稱為美麗之島的科西嘉，傲然海上，充滿海島風情。

科西嘉是海中山脈，葡萄樹被理想地種在海濱地帶……

如果科西嘉葡萄酒法定產區是皇冠，那麼冠上的兩顆珍珠就是巴替摩尼歐與阿加修。

啊，很好，我記下了！那貴島有什麼品種呢？

這是個好問題！

科西嘉有三種古老的原生品種，是本島的驕傲！

噗呼！

現在告訴我，你對這支絕佳白酒有何感想！

嗅

這是**阿加修**的**夏卡雷露**：細緻帶香料調，相當有個性……

接著是**巴替摩尼歐**的**涅魯秋**：圓潤強勁，體格強健……

最後是**維門替諾**：清鮮又帶熱帶水果風情，本島的白酒都洋溢著陽光風味。

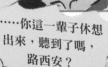

試試口感。

呸吐！

竟敢不喜歡我的酒?!

我下令將你永生禁閉在這瓶白酒裡，以示懲戒!!

……你這一輩子休想出來，聽到了嗎，路西安？

……出不來！

聽見沒有，路西安?!

救命！

……路西安?!

路西安!!如果你再睡懶覺，你的工作永遠做不完!!……

狗…喔噢…

……出不來！

永遠出不來！

我命令你中午前，就將**科西嘉白酒**的廣告文案交出來，皮給我繃緊一點！

2月11日星期二

酒款的風格取向

嘟一嘟一嘟一嘟

喂喂？

Hi，我是路西安，有沒有打擾到你？

沒啦，我正在忙布杰產區的行銷計畫。

⋯⋯不潔？

BUGEY，B-U-G-E-Y，位於安省的小產區。

啊，我不認得呢。

布杰是很有意思的產區，就位於多個產區的交會點。

那裡種有薄酒來的加美、薩瓦的蒙得斯，以及侏羅產區的普沙品種。

甚至是布根地的黑皮諾與夏多內也能找到，真是多元的大熔爐！

酷喔！我也正忙著工作，需要去辦公室拿個資料⋯⋯可是我沒鑰匙。

那你來接我吧，我跟你去辦公室。
好喔，我騎車過去，一會兒就到！

出發！

砰！

啊！路西安先生⋯⋯

喔，何慕吉蕾女士好！

有住戶抱怨您將腳踏車拴在樓梯間⋯⋯

別擔心，我下次會注意！晚安喔！

BLOM!
BLOM!
BLOM!

哈囉！

哈囉！

對了，你的婚禮快到了，酒都選好了嗎？

還沒呢……雖然是有些大方向……

但每當面臨到要抉擇出一個明確的法定產區時，我就停滯不前了。

這時了解**葡萄酒的風格**可以協助你選酒。你還記得酸度與酒精之間的均衡嗎？

看某款酒它屬於酸味明顯，或是酒精濃度較高，或是介於兩者之間，就會出現不一樣的風格可供選擇。

了解。

英文的「酒體」一詞就能將這點解釋得很清楚。

如果一款酒具有鮮明酸度，我們就說它具有**較輕的酒體**，體裁比較清瘦。

如果一款酒的酒精度較高，我們可說它**酒體豐潤**。

介於兩者之間的話，就是**中度酒體**囉。

以法文的解剖學來隱喻的話，我們可說酒款**纖細**或**圓潤**，介於中間的話則是**豐腴**。

很有意思，不過我怎樣將它運用在選酒上呢？

哈哈，要回答這個問題，就要先去檔案室一趟……

133

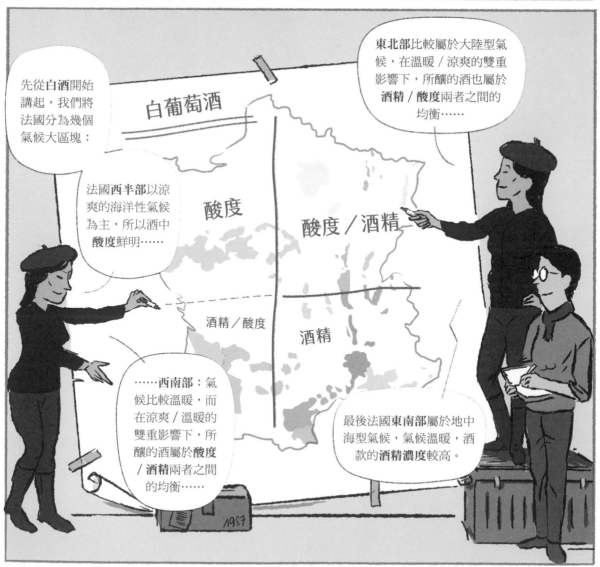

所以纖細的酒款來自西北部的羅亞爾河谷地……

豐腴酒款來自布根地、薄酒來與阿爾薩斯，不過也來自西南部的波爾多……

圓潤的白酒來自隆河谷地、普羅旺斯與隆格多克－胡西雍。

解釋得真好！

證明完畢！

纖細酒款

豐腴酒款

豐腴酒款

圓潤酒款

選擇酒款呢，只要依據餐酒搭配的「力道相當」法則即可：

清淡的菜餚（海鮮），可搭羅亞爾河白酒（如蜜思卡得）。

味道較重一點的，像是粉煎比目魚，就可選擇布根地或是波爾多的豐腴白酒。

滋味豐富的菜餚，如生煎干貝義大利燉飯，就可搭配法國南部的圓潤白酒（胡西雍丘）。

這只是粗略劃分，但還是很有用！有些例外存在，比如位於山區的侏羅區、薩瓦，甚至是科西嘉……

喔，對呀，科西嘉重要喔……

例外還包括很特定的葡萄酒，比如香檳。

然而，你學到這些其實已經……

把手舉起來!!

?!

咦，我突然想到路西安剛好到職一年，當初就是在這間會議室開始他的葡萄酒教育課程的。

對呀，用髮型以及電影場景比喻葡萄酒……

這值得慶祝一下！

啪！

喝這瓶我正在企劃的酒正好：來自**布杰**的瑟東優質村莊法定產區……

我們去陽台喝吧，外面氣溫挺舒服的。

這款氣泡酒**還**帶有甜味。

記得嗎？路西安，當初你還是新手，所以沒跟你介紹這類酒……不過你現在已具有了解的良好基礎了。

這款酒採用**老祖宗法釀**造，你熟悉這釀法嗎？

沒錯，這酒還在發酵時就裝瓶，發酵所產生的二氧化碳就溶解在酒液裡……

因瓶中氣壓的關係，發酵並不完全，使酒中留有殘糖；因此釀出**也**帶有甜味的氣泡酒囉！

答對了！

葡萄酒原力真的與你同在，**乾杯！**

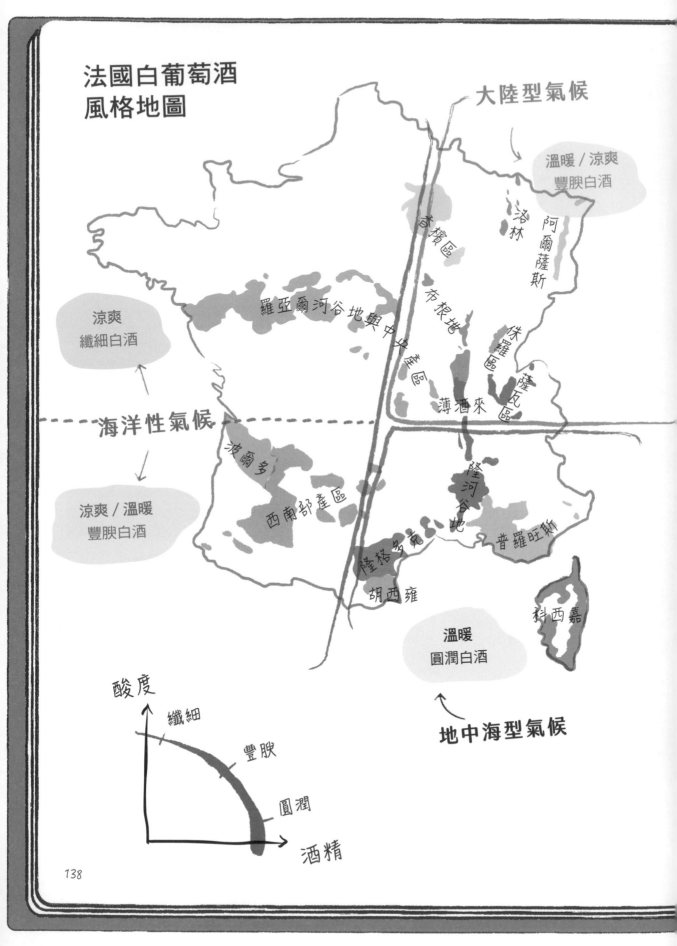

法國白葡萄酒
風格地圖

大陸型氣候

溫暖／涼爽
豐腴白酒

洛林

阿爾薩斯

香檳區

布根地

羅亞爾河谷地與中央產區

侏羅區

薩瓦區

薄酒來

涼爽
纖細白酒

海洋性氣候

隆河谷地

涼爽／溫暖
豐腴白酒

波爾多

西南部產區

普羅旺斯

隆格多克

胡西雍

科西嘉

溫暖
圓潤白酒

地中海型氣候

酸度

纖細

豐腴

圓潤

酒精

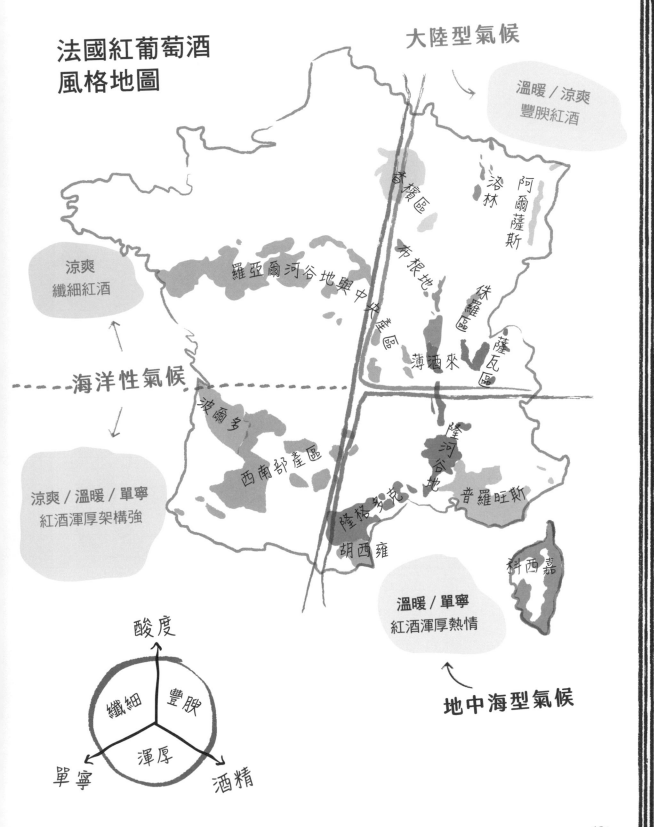

法國紅葡萄酒
風格地圖

大陸型氣候

溫暖／涼爽
豐腴紅酒

香檳區

洛林

阿爾薩斯

布根地

珠羅區

薩瓦區

涼爽
纖細紅酒

羅亞爾河谷地與中央產區

薄酒來

海洋性氣候

波爾多

西南部產區

隆河谷地

普羅旺斯

涼爽／溫暖／單寧
紅酒渾厚架構強

隆格多克

胡西雍

科西嘉

溫暖／單寧
紅酒渾厚熱情

地中海型氣候

酸度

纖細　豐腴

渾厚

單寧　酒精

139

6月13日星期六

婚禮晚宴

路西安&馬克

敬邀出席
大婚晚宴

巴黎第九區市政府宴會廳
6月13日星期六

好美的結婚典禮！
我迫不及待想知道
路西安為了晚宴，
都選了哪些酒……

我們待會兒就會
知道教學成果是
否一如預期了！

喔！
新人來了！

恭喜恭喜！

乾杯！

多謝，很高興
你們倆都在這！

這難得的盛宴怎能錯過。
你們兩個都帥呆了！

謝謝！
恰逢吉日，
把握良辰！

這香檳真讚！
是Extra-Brut？

是的，釀自一位
不守舊的年輕酒農：
Fabrice Chalonsot，
你們聽過嗎？

還有許多其他酒款喔，待會兒就入座了，我讓你們先自行看看菜單囉……

請往這走，幫你們座位安排在新人桌！

MENU

迷你起司泡芙，鮮蔬一口酥
Mini-gougères et bouchées végétales
CHAMPAGNE EXTRA-BRUT （香檳）

*

番紅花烤小螯蝦
Langoustines rôties au safran
MONTAGNY 1er CRU LES BEAUX CHAMPS （白酒）

* *

焗烤胡椒味麵皮牛菲力，
鼠尾草馬鈴薯麵疙瘩
Filet de boeuf en croûte de poivre,
gnocchis à la sauge
PUISSEGUIN-SAINT-ÉMILION （紅酒）

* * *

巴伐洛娃芒果
百香果蛋白霜蛋糕
Pavlova mangue-passion
MONTLOUIS-SUR-LOIRE MŒLLEUX （甜酒）

* * * *

我來欣賞一下菜單……

嗯，看起來很棒呢……

路西安在巴卡諾不過工作了一年多，葡萄酒知識可說突飛猛進，多虧你們！

依你現在的程度，已經可以展開新一輪的美酒美食踩點之旅囉！

嗯，這酒搭餐展示了「勢均力敵」的美妙之處！

嘿嘿嘿……很樂意喔！

完

啟程探訪法國各產區囉……

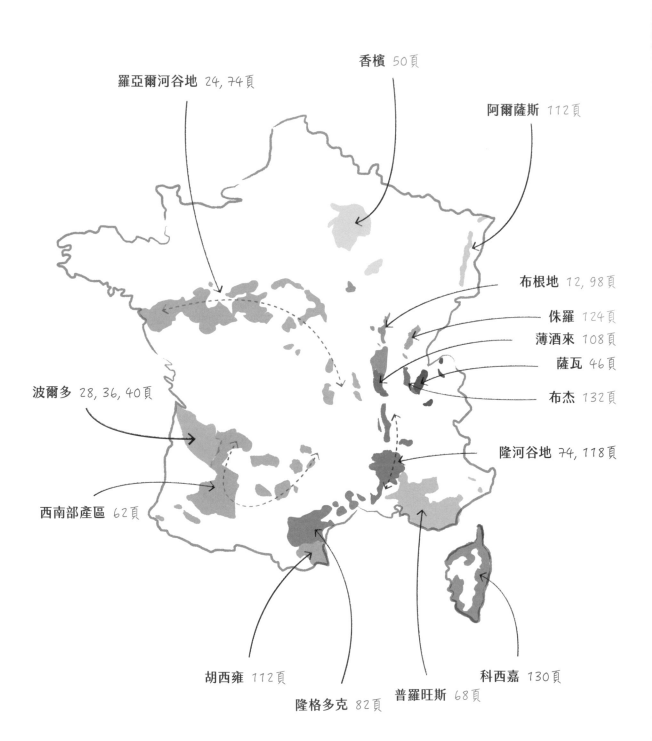

香檳 *50頁*

羅亞爾河谷地 *24, 74頁*

阿爾薩斯 *112頁*

布根地 *12, 98頁*

侏羅 *124頁*

薄酒來 *108頁*

薩瓦 *46頁*

布杰 *132頁*

波爾多 *28, 36, 40頁*

隆河谷地 *74, 118頁*

西南部產區 *62頁*

胡西雍 *112頁*

隆格多克 *82頁*

普羅旺斯 *68頁*

科西嘉 *130頁*

……也別忘了研究用以釀造好酒的葡萄品種！

您若想延長發現與學習葡萄酒的樂趣，
可以在以下網址與夏洛特、尚以及路西安繼續相逢：
bureaudesvendanges.com

中法名詞對照表

1855年分級 CLASSEMENT DE 1855
一級酒莊 PREMIERS CRUS
一級園產區 APPELLATION PREMIERS CRUS
二氧化碳 GAZ CARBONIQUE
二級酒莊 SECONDS CRUS
三級酒莊 TROSIÈMESCRUS
上梅多克 HAUT-MÉDO
口嘗 BOUCHE
土倫 TOULON
土魯斯市 TOULOUSE
大蒙仙 GROS MANSENG
小蒙仙 PETIT MANSENG
干白酒 VIN SEC
干型葡萄酒 VINS SECS
不鏽鋼槽 CUVE
中性酒精 ALCOOL NEUTRE
五級酒莊 CINQUIÈMES CRUS
天堂谷 VALLÉE DU PARADIS
天然甜葡萄酒 VIN DOUX NATUREL, VDN
巴宏尼丘 COTEAUX DES BARONNIES
巴黎農業館 SALON DE L'AGRICULTURE DE PARIS
巴薩克 BARSAC
日常白酒 VINS BLANCS USUELS
日常紅酒 VINS ROUGES USUELS
日常粉紅酒 VINS BLROSÉS USUELS
木桐堡 CH. MOUTON-ROTHSCHILD
木質系 BOISÉS
加美 GAMAY
加隆河 GARONNE
卡本內弗朗 CABERNETFRANC
卡本內蘇維濃 CABERNET-SAUVIGNON
卡利濃 CARIGNAN
卡迪亞克 CADILLAC
卡斯康灣 GOLFE DE GASCOGNE
卡歐 CAHORS
去梗 ÉRAFLAGE

史特拉斯堡市 STRASBOURG
四級酒莊 QUATRIÈMES CRUS
尼姆丘 COSTIÈRES-DE-NIMES
尼姆市 NÎMES
尼斯 NICE
布列斯布爾市 BOURG-EN-BRESSE
布拉伊與布爾 BLAYE ET BOURG
布杰安裴希市 AMBÉRIEU-EN-BUGEY
布杰產區 VIGNOBLE DE BUGEY
布柴 BUZET
布根地 BOURGOGNE
布爾吉 BOURGES
布爾傑湖 LAC DU BOURGET
平躺酒瓶 BOUTEILLES COUCHEES
瓦列鎮 VALLET
瓦給哈斯 VACQUEYRAS
瓦隆斯市 VALENCE
瓦爾 VAR
生物動力法 BIODYNAMIQUE
白中白香檳 BLANC DE BLANCS
白梢楠 CHENIN
白莎瓦涅 SAVAGNIN
白蘇維濃 SAUVIGNON
伊肯堡 CH. D'YQUEM
光線 LUMIÈRE
吉恭達斯 GIGONDAS
吉隆特河口 ESTUAIRE DE LA GIRONDE
地區級法定產區 AOC RÉGIONALES
地區餐酒 VDP
多克地區 PAYS D'OC
多爾多涅河 DORDOGNE
安伯日 AMBOISE
安茹 ANJOU
安傑市 ANGERS
安錫市 ANNECY
安錫湖 LAC D'ANNECY

年份 MILLÉSIME

成熟期 MATURATION

有機農法 BIOLOGIQUE

死酵母渣 LIES

米由 MILLAU

米由丘 CÔTES DE MILLAU

米魯斯市 MULHOUSE

老藤 VIEILLES VIGNES

自然酒 NATURE

普羅旺斯艾克斯市 AIX-EN-PROVENCE

艾妥爾鎮 L'ÉTOILE

西南部產區 SUD-OUEST

西洪溪 CIRON

西翰河 SEREIN

伯恩丘 CÔTES DE BEAUNE

伯恩市 BEAUNE

克立瑪 CLIMAT

克里松鎮 CLISSON

克羅茲－艾米達吉 CROZES-HERMITAGE

利布恩市 LIBOURNE

利布恩區 LIBOURNAIS

呂貝宏 LUBERON

坎城 CANNES

希哈 SYRAH

希爾瓦那 SLYVANER

希濃 CHINON

村莊級法定產區 AOC VILLAGES

村莊級產區 APPELLATION VILLAGE

沛平雍市 PERPIGNAN

貝茲耶鎮 BÉZIERS

貝傑哈克 BERGERAC

邦斗爾 BANDOL

里昂市 LYON

亞維儂市 AVIGNON

侏羅區 JURA

依蘆雷姬 IROULÉGUY

兩海之間 ENTRE-DEUX-MERS

坦恩－艾米達吉 TAIN-L'HERMITAGE

坦恩河 TARN

夜丘 CÔTE DE MUITS

夜聖喬治市 NUIT-SAINT-GEORGES

居宏頌 JURANÇON

帕德鎮 PRADES

拉布居堡 CHATEAU LABURGE

拉菲堡 CH. LAFITE

拉圖堡 CH. LATOUR

於澤斯公爵領地 DUCHÉD'UZÈS

旺多姆市 VENDÔME

松塞爾 SANCERRE

松塞爾白酒 SANCERRE BLANC

果皮 PELLICULE

果肉 PULPE

果香系 FRUITÉS

果粉 PRUINE

法定產區保護 APPELLATIONSD'ORIGINE
　　　PROTÉGÉES, AOP

法國氣泡酒 CRÉMANTS

波城 PAU

波雅克村 PAUILLAC

波爾多 BORDEAUX

花香系 FLORAUX

阿將 AGEN

阿普蒙 APREMONT

阿爾市 ARLES

阿爾伯鎮 ARBOIS

阿爾薩斯 ALSACE

阿德瑪格里雍 GRIGNAN-LES-ADHÉMAR

南特市 NANTES

指定地理區保護 INDICATION GÉOGRAPHIQUE
　　　PROTÉGÉE, IGP

柑橘類家族 FAMILLE DES AGRUMES

柯比耶 CORBIÈRES

柯爾瑪市 COLMAR

洛林 LORRAINE

玻瑪 POMMARD

科西嘉 CORSE

紅色與黑色水果 FRUITE ROUGES ET NOIRS

紅酒渾厚架構強 VINS CORSÉS CHARPENTÉS

紅酒渾厚熱情 VINS CORSÉS CHALEUREUX

美麗城 BELLEVILLE

胡西雍 ROUSSILLON

胡榭特 ROUSSETTE

風土 TERROIR

風東 FRONTON

香貝希市 CHAMBÉRY

香料系 ÉPICÉS

香檳 CHAMPAGNES
香檳區 CHAMPAGNE
修雷鎮 CHOLET
夏卡雷露 SCIACCARELLU
夏布利 CHABLIS
夏布利村 CHABLIS
夏多內 CHARDONNAY
夏提雍區 CHÂTILLONNAIS
夏隆丘 CÔTE CHALLONNAISE
夏隆堡鎮 CHÂTEAU-CHALON
恭得里奧 CONDRIEU
拿朋市 NARBONNE
根瘤蚜蟲 PHYLLOXÉRA
格那希 GRENACHE
格拉夫 GRAVES
格烏茲塔明那 GEWURZTRAMINER
氣味 ODEURS
氣泡干葡萄酒 VINS DOUX EFFERVESCENT
氣泡酒 VIN EFFERVESCENT
氣泡甜葡萄酒 VINS DOUX EFFERVESCENT
海濱班努斯鎮 BANYULS-SUR-MER
浸皮 MACÉRATION
涅魯秋 NIELLUCCIU
特級村莊葡萄 GRAND CRU
特級園 AOC GRANDS CRUS
班努斯 BANYULS
破皮 FOULAGE
粉紅酒 VIN ROSÉ
索甸 SAUTERNES
索恩河 SAÔNE
索恩河自由城 VILLEFRANCHE-SUR-SAÔNE
索恩河夏隆市 CHÂLON-SUR-SAONE
衰退期 DÉCLIN
酒精 ALCOOL
酒精強化 MUTAGE
除渣 DÉGORGEMENT
馬西雅克 MARCILLAC
馬貢市 MÂCON
馬貢區 MÂCONNAIS
馬第宏 MADIRAN
馬爾貝克 MALBEC
馬蒙代丘 CÔTES DU MARMANDAIS
馬賽 MARSEILLE

高納斯 CORNAS
乾果 FRUITS SECS
偉大年份 GRAND MILLÉSIMES
動物系 ANIMAUX
培養 ÉLEVAGE
基酒 VINS CLAIRES
堅硬感 DURETÉ
採收 VENDANGE
教皇新堡 CHÂTEAUNEUF-DU-PAPE
晚摘甜酒 VENDANGESTARDIVES
梅多克 MÉDOC
梅西那克村 MÉRIGNAC
梅洛 MERLOT
梧玖克羅園 CLOS VOUGEOT
梭密爾市 SAUMUR
混調 ASSEMBLAGE
混調香檳 ASSEMBLAGE
添加酵母與糖 TIRAGE
瓶中培養 MATURATION
甜酒 VINS DOUX
異國水果 FRUITS EXOTIQUES
第一次發酵 PREMIÈRES FERMENTATION
第二次發酵 SECONDE FERMENTATION
第戎市 DIJON
莫札克 MAUZAC
莫利 MAURY
通風 AÉRATION
都哈斯丘 CÔTES-DE-DURAS
都漢 TOURAINE
都爾市 TOURS
麥稈甜酒 VIN DE PAILLE
單寧 TANINS
普羅旺斯 PROVENCE
植物系 VÉGÉTAUX
無列級村莊葡萄 SANC CRU
無年份香檳 SANS ANNÉE
焦味系 EMPYREUMATIQUES
發酵 FERMENTATION
菲榭瓦度 FER SERVADOU
萃取 EXTRACTION
萊茵河 RHIN
貴腐甜酒 SÉLECTION DE GRAINS NOBLES
隆河 RHÔNE

隆河谷地 VALLÉE DU RHÔNE
隆恭市 LANGON
隆格多克 LANGUEDOC
隆勒索涅市 LONS-LE-SAUNIER
馮度 VENTOUX
黃色與白色水果 FRUITS JAUNES ET BLANCS
黑中白香檳 BLANS DE NOIRS
黑皮諾 PINOT NOIR
賈給爾 JACQUÈRE
嗅聞 NES
圓潤 ROND
圓潤白酒 VINS RONDS
圓潤感 RONDEUR
塔那 TANNAT
塔維勒 TAVEL
塞洪 CÉRONS
塞特鎮 SÈTE
塞勒斯塔市 SÉLÉSTAT
塞黑鎮 CÉRET
奧爾良市 ORLÉANS
聖十字山 SAINTE-CROIX-DU-MONT
聖朱里安村 SAINT-JULIEN-BEYCHVELLE
聖佩雷 SAINT-PÉRAY
聖喬瑟夫 SAINT-JOSEPH
聖愛美濃鎮 SAINT-ÉMILION
葡萄品種 CÉPAGES
葡萄籽 PÉPINS
葡萄酒的香氣 ARÔMES DU VIN
葡萄酒農 VIGNERON
葡萄梗 RAFLE
補糖 DOSAGE
裝瓶 EMBOUTEILLAGE
雷曼湖 LAC LÉMAN
圖農市 TOURNON
榨汁 PRESSURAGE
榭密雍 SÉMILLON
瑪歌村 MARGAUX
瑪歌堡 CH. MARGAUX
維瓦瑞丘 CÔTES DU VIVARAIS
維門替諾 VERMENTINU
維恩市 VIENNE
維歐尼耶 VIOGNIER

緊澀感 ASTRINGENCE
蒙巴季亞克 MONBAZILLAC
蒙仙 MANSENG
蒙托邦 MONTAUBAN
蒙佩利耶市 MONTPELLIER
蒙得斯 MONDEUSE
蒙鐵利瑪市 MONTÉLIMAR
蓋雅克 GAILLAC
蜜思嘉 MUSCAT
酵母 LEVURES
酸度 ACIDITÉ
慕維得爾 MOURVÈDRE
歐布里雍堡 CH. HAUT-BRION
震動 VIBRATIONS
橘城 ORANGE
橡木桶 FÛT
盧皮亞克 LOUPIAC
糕點系 PÂTISSERIE
糖分 SUCRE
靜態干型葡萄酒 VINS SECS TRANQUILLES
靜態酒 VIN TRANQUILLE
靜態甜酒 VINS DOUX TRANQUILLES
默斯 MEUSE
優等一級酒莊 PREMIER CRU SUPÉRIEUR
濕度 HUMIDITÉ
薄酒村 BEAUJEU
薄酒來 BEAUJOLAIS
聶格列特 NÉGRETTE
薩瓦區 SAVOIE
豐腴 CHARNU
羅亞爾河 LOIRE
羅亞爾河谷地 VALLÉE DE LA LOIRE
羅亞爾河谷地與中央產區 VALLÉE DE LA LOIRE ET CENTRE
羅第丘 CÔTE-RÔTIE
麗絲玲 RIESLING
麗維薩特與麗維薩特－蜜思嘉 RIVESALTES ET MUSCAT-DE-RIVESALTES
礦石系 MINÉRAUX
巔峰期 APOGÉE
纖細 FIN
觀色 L'OEIL

誌謝

本書兩位作者感謝DUNOD出版社的效率與投注的時間心力，也感謝位於伯恩的Domaine des Croix酒莊的接待與建議。

作者方思瓦·巴許洛感謝拿塔莉與路西安提供對話建議，也謝謝共同作者文森·布瓊一起完成這本創作。

作者文森·布瓊謝謝共同作者方思瓦·巴許洛一起完成這美好的創作旅程；還感謝Domaine Vallet-Nouvel莊主Véronique Nouvel與Pierre Vallet的接待，感謝Punny的支持以及Jean-Christophe的鞭策。

段落創意來源

〈薩瓦也見紅〉章節一開始的
電腦影片橋段來自電影《雞翅或是雞腿》（*L'AILE OU LA CUISSE*）中的
盲飲劇情。電影劇情作者：C. ZIDI 以及M. FABRE。

〈薄酒來新酒來啦！〉章節發想自
電影《帶槍大叔》（*TONTONS FLINGUEURS*）的廚房劇情。
電影劇情作者：M. AUDIARD 以及G. LAUTNER。

關於品種

書中的葡萄品種繪圖，參考自出版於1901-1910年的
《品種學，葡萄樹種植總論》（*AMPÉLOGRAPHIE, TRAITÉ GÉNÉRAL*）一書。
作者：Pierre Viala與Victor Vermorel。